U0876786

"十四五"高水平专业群优质教材建设项目
新时代新理念职业教育教材

智能制造专业群

# 电梯故障诊断与排除

主　编　郭英平　赵春霞
副主编　陈晓蕾　聂　妍　由春艳

北京交通大学出版社
·北京·

## 内 容 简 介

本书在内容组织与安排上采用任务导向的方式，将职业技能培养和知识获取整合到学习任务中，以实际工作中典型的故障项目为载体，设计了 3 个项目共 14 个任务，具体内容涵盖了电梯作业安全、电梯机械故障和电梯电气故障的诊断与排除。在每个项目的知识链接中，重点引入《电梯制造与安装安全规范　第 1 部分：乘客电梯和载货电梯》（GB/T 7588.1—2020），引领学生通过学习标准，深入理解电梯工作过程和控制原则，进一步加深对电梯工作方式和过程的理解，达到理论与实践相结合的目标。

本书可作为高职院校、中职院校相关专业的教材，也可供相关从业人员作为参考书。

**版权所有，侵权必究。**

**图书在版编目（CIP）数据**

电梯故障诊断与排除/郭英平，赵春霞主编. —北京：北京交通大学出版社，2024.8
“十四五”高水平专业群优质教材建设项目　新时代新理念职业教育教材
ISBN 978-7-5121-5219-9

Ⅰ. ① 电…　Ⅱ. ① 郭…　② 赵…　Ⅲ. ① 电梯－故障诊断－职业教育－教材　② 电梯－故障修复－职业教育－教材　Ⅳ. ① TU857

中国国家版本馆 CIP 数据核字（2024）第 084066 号

**电梯故障诊断与排除**
DIANTI GUZHANG ZHENDUAN YU PAICHU

责任编辑：韩素华
出版发行：北京交通大学出版社　　电话：010-51686414　　http://www.bjtup.com.cn
地　　址：北京市海淀区高梁桥斜街 44 号　　邮编：100044
印 刷 者：北京虎彩文化传播有限公司
经　　销：全国新华书店
开　　本：185 mm×260 mm　　印张：9.75　　字数：246 千字
版 印 次：2024 年 8 月第 1 版　　2024 年 8 月第 1 次印刷
印　　数：1～500 册　　定价：39.00 元

本书如有质量问题，请向北京交通大学出版社质监组反映。对您的意见和批评，我们表示欢迎和感谢。
投诉电话：010-51686043，51686008；传真：010-62225406；E-mail：press@bjtu.edu.cn。

# 前 言

为了深入贯彻落实国务院《关于大力发展职业教育的决定》(国发〔2005〕35号)精神，落实《教育部关于进一步深化中等职业教育教学改革的若干意见》(教职成〔2008〕8号)关于“加强中等职业教育教材建设，保证教学资源基本质量”的要求，整体推进职业教育教学改革，长春职业技术学校机电技术应用专业课程建设团队通过召开业界专家研讨会，提炼了反映目前电梯维修保养企业岗位中主要工作内容与典型工作形式的14个典型工作任务，并将之作为专业课程教学的载体，很好地解决了课程教学与职业岗位、工作任务脱节的问题。由于典型工作任务中包含了工作过程的工作对象、工具、工作方法和劳动组织等生产性要素，因此，使课程内容与工作过程紧密结合，教学过程实现了工学结合。

本书在内容与形式上有以下特色。

1. 任务引领。以工作任务引领知识、技能和态度，让学生在完成工作任务的过程中学习相关知识，发展学生的综合职业能力。

2. 结果驱动。通过完成工作任务所获得的成果，激发学生的成就感；通过完成具体的工作任务，培养学生的岗位工作能力。

3. 内容实用。紧紧围绕工作任务完成的需要来选择课程内容，不强调知识的系统性，而注重内容的针对性和适用性。

4. 学做一体。以工作任务为中心，实现理论与实践的一体化教学。

5. 教材与学材统一。既可以作为教材使用，也可以作为学材使用，教学实用性更强。

6. 学生为本。教材的体例设计与内容的表现形式充分考虑到学生的认知发展规律，图文并茂，版式活泼，能够激发学生的学习兴趣。

本书包含3个项目共14个任务，教学时可以安排56～84学时。除了上述基本内容外，本书还融入了考核评价标准，让教师的“教”和学生的“学”有的放矢，可操作性更强。

建议的课程课时安排如下：

| 内容 | | 授课学时 |
|---|---|---|
| 项目 1<br>电梯作业安全规范 | 任务 1.1　电梯维修保养安全事项 | 4 |
| | 任务 1.2　进入轿顶安全操作 | 6 |
| | 任务 1.3　进入底坑安全操作 | 4 |
| | 任务 1.4　机房安全操作 | 4 |
| 项目 2<br>电梯机械故障诊断与排除 | 任务 2.1　电梯曳引系统故障诊断与排除 | 6 |
| | 任务 2.2　电梯轿厢系统故障诊断与排除 | 6 |
| | 任务 2.3　电梯门系统故障诊断与排除 | 6 |
| | 任务 2.4　电梯导向与重量平衡系统故障诊断与排除 | 6 |
| | 任务 2.5　电梯安全保护装置故障诊断与排除 | 6 |
| 项目 3<br>电梯电气故障诊断与排除 | 任务 3.1　安全保护电路的检查与维修 | 6 |
| | 任务 3.2　电梯控制电路的检查与维修 | 6 |
| | 任务 3.3　曳引电动机驱动控制电路的检查与维修 | 6 |
| | 任务 3.4　开关门电路的检查与维修 | 6 |
| | 任务 3.5　呼梯与楼层显示电路的检查与维修 | |
| 合计 | | 72 |

本书由长春职业技术学校郭英平、赵春霞担任主编，陈晓蕾、聂妍、由春艳担任副主编，李冰、吴喆、李雪娟参编。

由于编者水平所限，书中难免有疏漏和不足之处，敬请广大读者给予批评指正。

**编　者**

2024 年 7 月

# 目　录

# 项目 1
# 电梯作业安全规范

## 教学目标

1. 了解特种设备安全法与电梯行业相关的规定；

2. 了解《电梯制造与安装安全规范　第 1 部分：乘客电梯和载货电梯》（GB/T 7588.1—2020）对紧急开锁和救援装置的相关规定；

3. 掌握电梯机房、进出轿顶和底坑的安全操作方法。

## 思政要素

帮助学生树立强烈的安全意识、规范意识，使学生敬畏生命，高度重视生命安全；使学生养成良好的职业素养和社会责任感。

## 任务 1.1　电梯维修保养安全事项

### 任务描述

《特种设备安全法》是为了加强特种设备安全工作，预防特种设备事故，保障人身和财产安全，促进经济社会发展而制定的法律。该法适用于特种设备的生产（包括设计、制造、安装、改造、修理）、经营、使用、检验、检测及特种设备安全的监督管理。

特种设备安全工作应当遵循安全第一、预防为主、节能环保、综合治理的原则。了解特种设备安全管理相关法律法规，有利于进一步提高安全意识，切实履行职责。

# 实施流程

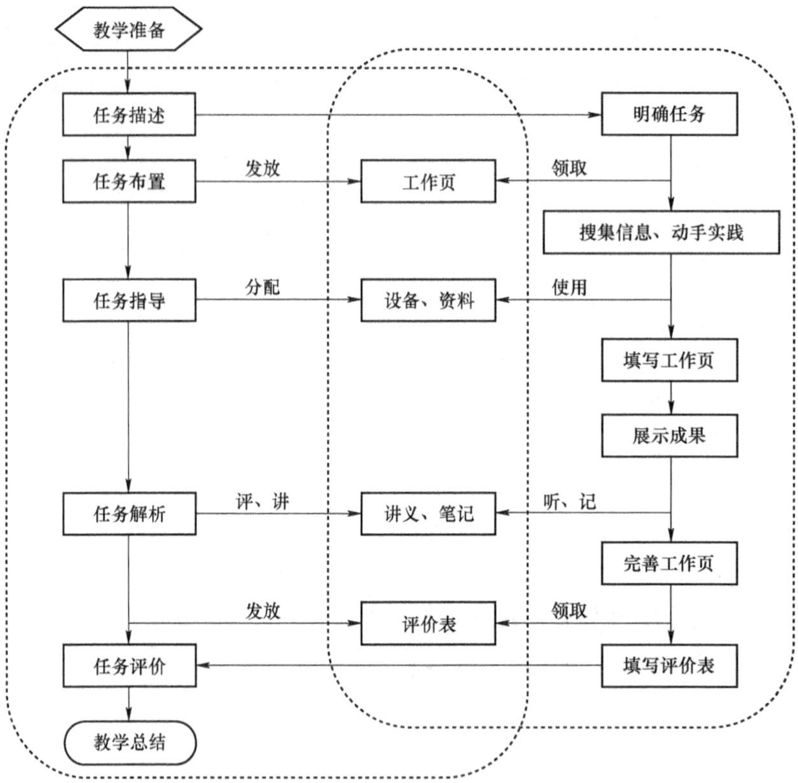
教学准备
任务描述
明确任务
任务布置
发放
工作页
领取
搜集信息、动手实践
任务指导
分配
设备、资料
使用
填写工作页
展示成果
任务解析
评、讲
讲义、笔记
听、记
完善工作页
发放
评价表
领取
任务评价
填写评价表
教学总结

## 工作步骤

| 工作页名称 | 《特种设备安全法》摘抄 |
| --- | --- |
| 班级________ | 姓名________　日期________　成绩________ |
| 1. 第二条 | |
| 2. 第十三条 | |
| 3. 第十四条 | |
| 4. 第十五条 | |
| 5. 第二十二条 | |
| 6. 第二十七条 | |

续表

| 工作页名称 | 《特种设备安全法》摘抄 |
|---|---|
| 班级________ 姓名________ 日期________ 成绩________ | |
| 7. 第三十三条 | |
| 8. 第三十五条 | |
| 9. 第三十六条 | |
| 10. 第三十九条 | |
| 11. 第四十条 | |
| 12. 第四十五条 | |

## 考核评价

**电梯维修保养安全事项——考核评价表**

班级＿＿＿＿＿＿　姓名＿＿＿＿＿＿　日期＿＿＿＿＿＿　成绩＿＿＿＿＿＿

<table>
<tr><td rowspan="2">序号</td><td rowspan="2">教学环节</td><td rowspan="2">参与情况</td><td rowspan="2">考核内容</td><td colspan="2">教学评价</td></tr>
<tr><td>自我评价</td><td>教师评价</td></tr>
<tr><td rowspan="3">1</td><td rowspan="3">明确任务</td><td rowspan="3">参　与【　】<br>未参与【　】</td><td>领会任务意图</td><td></td><td></td></tr>
<tr><td>掌握任务内容</td><td></td><td></td></tr>
<tr><td>明确任务要求</td><td></td><td></td></tr>
<tr><td rowspan="3">2</td><td rowspan="3">搜集信息<br>动手实践</td><td rowspan="3">参　与【　】<br>未参与【　】</td><td>完成任务操作</td><td></td><td></td></tr>
<tr><td>搜集任务信息</td><td></td><td></td></tr>
<tr><td>记录实践数据</td><td></td><td></td></tr>
<tr><td rowspan="3">3</td><td rowspan="3">填写工作页</td><td rowspan="3">参　与【　】<br>未参与【　】</td><td>明确工作步骤</td><td></td><td></td></tr>
<tr><td>完成工作任务</td><td></td><td></td></tr>
<tr><td>填写工作内容</td><td></td><td></td></tr>
<tr><td rowspan="3">4</td><td rowspan="3">展示成果</td><td rowspan="3">参　与【　】<br>未参与【　】</td><td>聆听成果分享</td><td></td><td></td></tr>
<tr><td>参与成果展示</td><td></td><td></td></tr>
<tr><td>提出修改建议</td><td></td><td></td></tr>
<tr><td rowspan="3">5</td><td rowspan="3">整理笔记</td><td rowspan="3">参　与【　】<br>未参与【　】</td><td>聆听任务解析</td><td></td><td></td></tr>
<tr><td>整理解析内容</td><td></td><td></td></tr>
<tr><td>完成学习笔记</td><td></td><td></td></tr>
<tr><td rowspan="3">6</td><td rowspan="3">完善工作页</td><td rowspan="3">参　与【　】<br>未参与【　】</td><td>自查工作任务</td><td></td><td></td></tr>
<tr><td>更正错误信息</td><td></td><td></td></tr>
<tr><td>完善工作内容</td><td></td><td></td></tr>
<tr><td>备注</td><td colspan="5">请在教学评价栏目中填写：A、B 或 C。其中 A—能，B—勉强能，C—不能</td></tr>
<tr><td colspan="6">学生心得</td></tr>
<tr><td colspan="6"></td></tr>
<tr><td colspan="6">教师寄语</td></tr>
<tr><td colspan="6"></td></tr>
</table>

# 任务 1.2　进入轿顶安全操作

## 任务描述

规范履行进出轿顶安全操作，是保证人员安全的重要手段。

## 实施流程

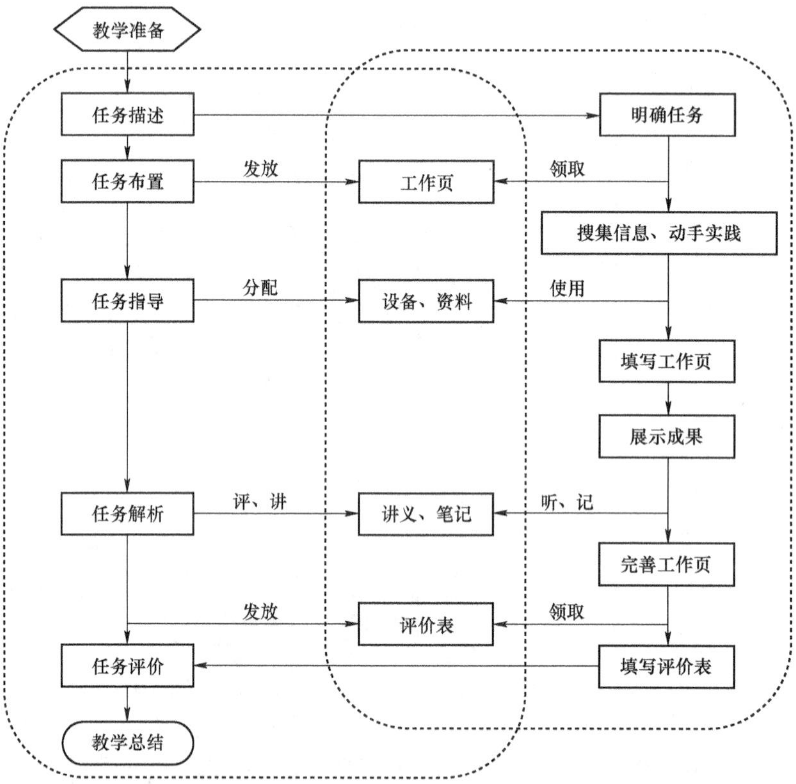


## 教学准备

一、资料准备：无。

二、工具准备：安全围栏、安全警示牌、安全帽、工作服、绝缘电工鞋、安全带、三角钥匙、顶门器、挂锁等。

## 工作步骤

| 工作页名称 | 进入轿顶安全操作 | |
|---|---|---|
| 班级________ 姓名________ 日期________ 成绩________ | | |
| 操作步骤 | 操作内容 | 操作目的 |
| 一 | | |
| 二 | | |
| 三 | | |
| 四 | | |
| 五 | | |

# 考核评价

**进入轿顶安全操作——考核评价表**

班级________　姓名________　日期________　成绩________

| 序号 | 教学环节 | 参与情况 | 考核内容 | 教学评价 | |
|---|---|---|---|---|---|
| | | | | 自我评价 | 教师评价 |
| 1 | 明确任务 | 参　与【　】<br>未参与【　】 | 领会任务意图 | | |
| | | | 掌握任务内容 | | |
| | | | 明确任务要求 | | |
| 2 | 搜集信息<br>动手实践 | 参　与【　】<br>未参与【　】 | 完成任务操作 | | |
| | | | 搜集任务信息 | | |
| | | | 记录实践数据 | | |
| 3 | 填写工作页 | 参　与【　】<br>未参与【　】 | 明确工作步骤 | | |
| | | | 完成工作任务 | | |
| | | | 填写工作内容 | | |
| 4 | 展示成果 | 参　与【　】<br>未参与【　】 | 聆听成果分享 | | |
| | | | 参与成果展示 | | |
| | | | 提出修改建议 | | |
| 5 | 整理笔记 | 参　与【　】<br>未参与【　】 | 聆听任务解析 | | |
| | | | 整理解析内容 | | |
| | | | 完成学习笔记 | | |
| 6 | 完善工作页 | 参　与【　】<br>未参与【　】 | 自查工作任务 | | |
| | | | 更正错误信息 | | |
| | | | 完善工作内容 | | |
| 备注 | 请在教学评价栏目中填写：A、B 或 C。其中 A—能，B—勉强能，C—不能 | | | | |
| 学生心得 | | | | | |
| | | | | | |
| 教师寄语 | | | | | |
| | | | | | |

# 任务 1.3 进入底坑安全操作

## 任务描述

规范履行进出底坑安全操作，是保证人员安全的重要手段。

## 实施流程

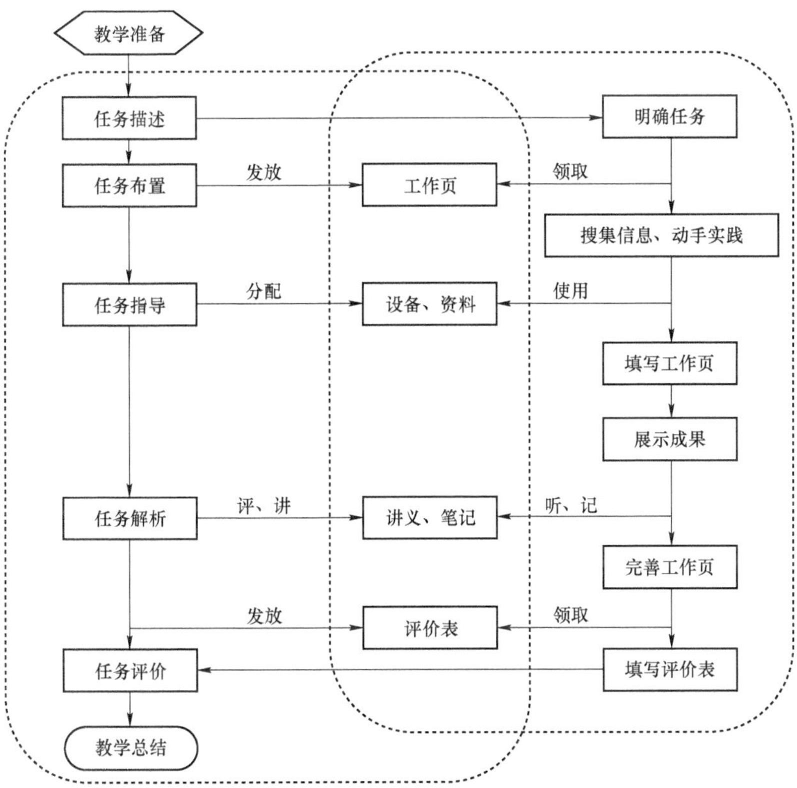


## 教学准备

一、资料准备：无。

二、工具准备：安全围栏、安全警示牌、安全帽、工作服、绝缘电工鞋、三角钥匙、顶门器、挂锁等。

## 工作步骤

<table>
<tr><td>工作页名称</td><td colspan="2">进入底坑安全操作</td></tr>
<tr><td colspan="3">班级________ 姓名________ 日期________ 成绩________</td></tr>
<tr><td>操作步骤</td><td>操作内容</td><td>操作目的</td></tr>
<tr><td>一</td><td></td><td></td></tr>
<tr><td>二</td><td></td><td></td></tr>
<tr><td>三</td><td></td><td></td></tr>
<tr><td>四</td><td></td><td></td></tr>
<tr><td>五</td><td></td><td></td></tr>
</table>

## 考核评价

进入底坑安全操作——考核评价表

班级________　姓名________　日期________　成绩________

<table>
<tr><th rowspan="2">序号</th><th rowspan="2">教学环节</th><th rowspan="2">参与情况</th><th rowspan="2">考核内容</th><th colspan="2">教学评价</th></tr>
<tr><th>自我评价</th><th>教师评价</th></tr>
<tr><td rowspan="3">1</td><td rowspan="3">明确任务</td><td rowspan="3">参　与【　】<br>未参与【　】</td><td>领会任务意图</td><td></td><td></td></tr>
<tr><td>掌握任务内容</td><td></td><td></td></tr>
<tr><td>明确任务要求</td><td></td><td></td></tr>
<tr><td rowspan="3">2</td><td rowspan="3">搜集信息<br>动手实践</td><td rowspan="3">参　与【　】<br>未参与【　】</td><td>完成任务操作</td><td></td><td></td></tr>
<tr><td>搜集任务信息</td><td></td><td></td></tr>
<tr><td>记录实践数据</td><td></td><td></td></tr>
<tr><td rowspan="3">3</td><td rowspan="3">填写工作页</td><td rowspan="3">参　与【　】<br>未参与【　】</td><td>明确工作步骤</td><td></td><td></td></tr>
<tr><td>完成工作任务</td><td></td><td></td></tr>
<tr><td>填写工作内容</td><td></td><td></td></tr>
<tr><td rowspan="3">4</td><td rowspan="3">展示成果</td><td rowspan="3">参　与【　】<br>未参与【　】</td><td>聆听成果分享</td><td></td><td></td></tr>
<tr><td>参与成果展示</td><td></td><td></td></tr>
<tr><td>提出修改建议</td><td></td><td></td></tr>
<tr><td rowspan="3">5</td><td rowspan="3">整理笔记</td><td rowspan="3">参　与【　】<br>未参与【　】</td><td>聆听任务解析</td><td></td><td></td></tr>
<tr><td>整理解析内容</td><td></td><td></td></tr>
<tr><td>完成学习笔记</td><td></td><td></td></tr>
<tr><td rowspan="3">6</td><td rowspan="3">完善工作页</td><td rowspan="3">参　与【　】<br>未参与【　】</td><td>自查工作任务</td><td></td><td></td></tr>
<tr><td>更正错误信息</td><td></td><td></td></tr>
<tr><td>完善工作内容</td><td></td><td></td></tr>
<tr><td>备注</td><td colspan="5">请在教学评价栏目中填写：A、B 或 C。其中 A—能，B—勉强能，C—不能</td></tr>
<tr><td colspan="6">学生心得</td></tr>
<tr><td colspan="6"></td></tr>
<tr><td colspan="6">教师寄语</td></tr>
<tr><td colspan="6"></td></tr>
</table>

# 任务 1.4　机房安全操作

## 任务描述

规范履行机房安全操作，是保证人员安全的重要手段。

## 实施流程

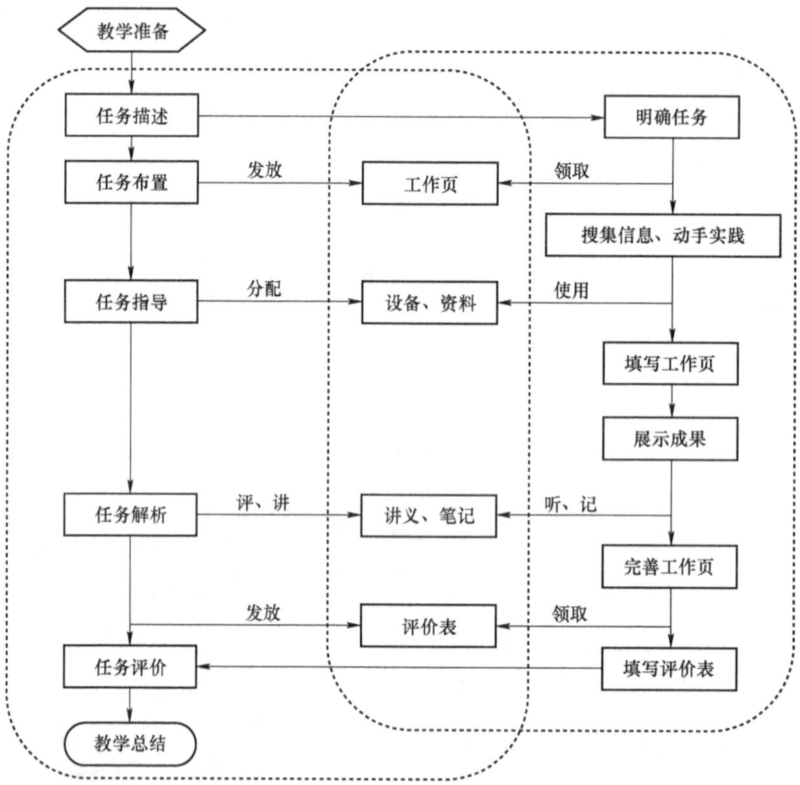


## 教学准备

一、资料准备：无。

二、工具准备：安全围栏、安全警示牌、安全帽、工作服、绝缘电工鞋、三角钥匙、挂锁等。

## 工作步骤

<table>
<tr><td>工作页名称</td><td colspan="2">机房安全操作</td></tr>
<tr><td colspan="3">班级________ 姓名________ 日期________ 成绩________</td></tr>
<tr><td>操作步骤</td><td>操作内容</td><td>操作目的</td></tr>
<tr><td>一</td><td></td><td></td></tr>
<tr><td>二</td><td></td><td></td></tr>
<tr><td>三</td><td></td><td></td></tr>
<tr><td>四</td><td></td><td></td></tr>
<tr><td>五</td><td></td><td></td></tr>
</table>

## 考核评价

**机房安全操作——考核评价表**

班级____________ 姓名____________ 日期____________ 成绩____________

| 序号 | 教学环节 | 参与情况 | 考核内容 | 教学评价 | |
|---|---|---|---|---|---|
| | | | | 自我评价 | 教师评价 |
| 1 | 明确任务 | 参　与【　】<br>未参与【　】 | 领会任务意图 | | |
| | | | 掌握任务内容 | | |
| | | | 明确任务要求 | | |
| 2 | 搜集信息<br>动手实践 | 参　与【　】<br>未参与【　】 | 完成任务操作 | | |
| | | | 搜集任务信息 | | |
| | | | 记录实践数据 | | |
| 3 | 填写工作页 | 参　与【　】<br>未参与【　】 | 明确工作步骤 | | |
| | | | 完成工作任务 | | |
| | | | 填写工作内容 | | |
| 4 | 展示成果 | 参　与【　】<br>未参与【　】 | 聆听成果分享 | | |
| | | | 参与成果展示 | | |
| | | | 提出修改建议 | | |
| 5 | 整理笔记 | 参　与【　】<br>未参与【　】 | 聆听任务解析 | | |
| | | | 整理解析内容 | | |
| | | | 完成学习笔记 | | |
| 6 | 完善工作页 | 参　与【　】<br>未参与【　】 | 自查工作任务 | | |
| | | | 更正错误信息 | | |
| | | | 完善工作内容 | | |
| 备注 | 请在教学评价栏目中填写：A、B 或 C。其中 A—能，B—勉强能，C—不能 | | | | |
| 学生心得 | | | | | |
| | | | | | |
| 教师寄语 | | | | | |
| | | | | | |

## 知识链接

1. 电梯机房基本操作

维保人员在进行工作之前，必须要身穿工作服，头戴安全帽，脚穿绝缘电工鞋，如果要进出轿顶还必须系好安全带，如图 1–1 所示。

维保人员在检修电梯时，必须要在维修保养的电梯基站和相关层站门口处放置安全围栏和安全警示牌，防止在维修保养电梯时无关人员进入电梯轿厢或进入井道，如图 1–2 所示。

图 1–1　工作前准备

图 1–2　放置安全围栏和安全警示牌

1）通电运行

开机时请先确认操纵箱、轿顶检修箱、底坑检修箱的所有开关处于正常位置，并告知其他人员，然后按以下顺序闭合各电源开关。

（1）侧身闭合机房的三相电源开关（AC 380 V）。

（2）侧身闭合照明电源开关（AC 220 V），如图 1–3 所示。

（3）将控制柜内的断路器开关置于 ON 位置，如图 1–4 所示。

图 1–3　侧身合闸操作示意图

**图 1–4　将断路器开关置于 ON 位置**

2）断电、挂牌、上锁

（1）侧身断电。操作者站在配电箱侧边，先提醒周围人员注意避开，然后确认开关位置，伸手拿住开关，头部偏向另一侧，眼睛不能看开关，然后拉闸断电，如图 1–5 所示。

**图 1–5　侧身拉闸断电**

（2）确认断电。验证电源是否被完全切断：用多用表对主电源相与相之间、相与地之间进行测量验证，确认断电后，再对控制柜中的主电源线进行验证，然后对变频器的断电进行验证，如图 1–6 所示。

（3）挂牌上锁。确认完成断电工作后，挂牌上锁，然后可以安全地开展工作，如图 1–7 所示。

3）操作注意事项

（1）在进行挂牌上锁程序前必须确定操作者身上无外露的金属件，以防止短路。

（2）在拉闸瞬间可能产生电弧，一定要侧身拉闸以免对操作者造成伤害。

图 1–6　确认断电

图 1–7　挂牌上锁

（3）电源开关在断相情况下，设备仍可能会带电；检查相与相之间是否带电是为了避免接地被悬空，所以必须对主电源相与相之间、相与地之间进行检验。

（4）进行上锁、挂牌。钥匙必须由本人保管，不得转交他人。

（5）完成工作后，由上锁本人分别开启自己的锁具。如果是 2 个或 2 个以上人员同时挂牌上锁，一般由最后开锁的人进行恢复，注意通断电都必须侧身操作。

2. 盘车操作

1）救援装置

（1）手动紧急操作装置。当电梯停电或发生故障，需要对困在轿厢内的人进行救援时，就需要手动紧急操作（一般称为“盘车”）。紧急操作包括人工松闸和盘车，两个项目相互配合操作，所以操作装置也包括人工松闸装置和手动盘车装置。通常，盘车手轮（见图 1–8）为黄色，松闸扳手（见图 1–9）为红色，挂在机房内的墙壁上，紧急需要时，随手即可取得。

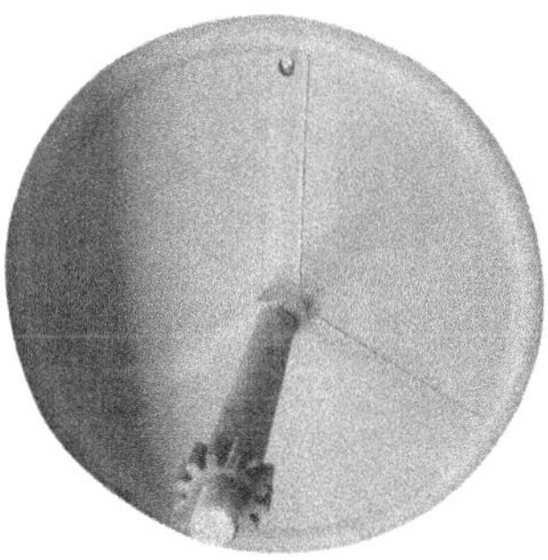

图 1–8　盘车手轮

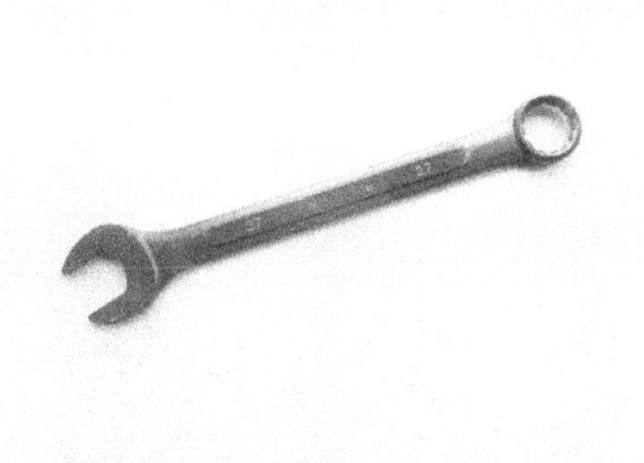

图 1–9　松闸扳手

《电梯制造与安装安全规范　第 1 部分：乘客电梯和载货电梯》（GB/T 7588.1—2020）规定：

5.9.2.3 紧急操作

5.9.2.3.1 如果紧急操作需要采用 5.9.2.2.2.9b）的手动操作，应是下列方式之一：

a）使轿厢移动到层站所需的操作力不大于 150 N 的手动操作机械装置，该机械装置符合下列要求：

1）如果电梯的移动可能带动该装置，则应是一个平滑且无辐条的轮子。

2）如果该装置是可拆卸的，则应放置在机器空间内容易接近的地方。如果该装置有可能与相配的驱动主机混淆，则应做出适当标记。

3）如果该装置可从驱动主机上拆卸或脱出，符合 5.11.2 规定的电气安全装置最迟应在该装置连接到驱动主机上时起作用。

b）满足以下要求的手动操作电动装置：

1）出现故障之后的 1 h 内，电源应可以使载有任何载荷的轿厢移动到附近的层站。

2）速度不大于 0.3 m/s。

5.9.2.3.2 应能易于检查轿厢是否在开锁区域，也见 5.2.6.6.2c）。

5.9.2.3.3 如果向上移动载有额定载重量的轿厢所需的手动操作力大于 400 N，或者未设置 5.9.2.3.1a）规定的机械装置，则应设置符合 5.12.1.6 规定的紧急电动运行控制装置。

5.9.2.3.4 操作紧急操作的装置应设置在：

a）机房内（见 5.2.6.3）；或

b）机器柜内（见 5.2.6.5.1）；或

c）紧急和测试操作屏上（见 5.2.6.6）。

5.9.2.3.5 如果盘车手轮用于紧急操作，则轿厢运动方向应清晰地标在驱动主机上靠近盘车手轮的位置。如果盘车手轮是不可拆卸的，则轿厢运动方向可标在盘车手轮上。

（2）手动紧急开锁装置。为了在必要时能从层站外打开层门，规定每个层门都应有手动紧急开锁装置，如图 1–10 所示。

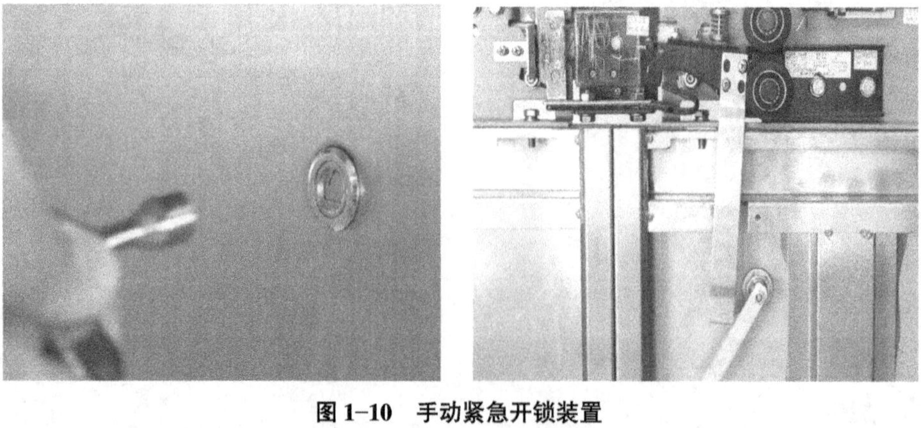

**图 1–10 手动紧急开锁装置**

工作人员可用三角钥匙从层门上部的锁孔插入，通过门后的开锁装置将门锁打开。在无开锁动作时，开锁装置应自动复位，不能依旧保持在开锁状态。在以往的电梯上，紧急开锁装置只设置在基站或两个端站。由于电梯营救方式的改变，现在强调每个层站的层门均应设置紧急开锁装置。

《电梯制造与安装安全规范　第 1 部分：乘客电梯和载货电梯》（GB/T 7588.1—2020）规定：

5.3.9.3　紧急开锁

5.3.9.3.1　借助于一个与图 13 规定的三角形开锁装置相配的三角钥匙，每个层门均应能从外面开启。

单位为毫米

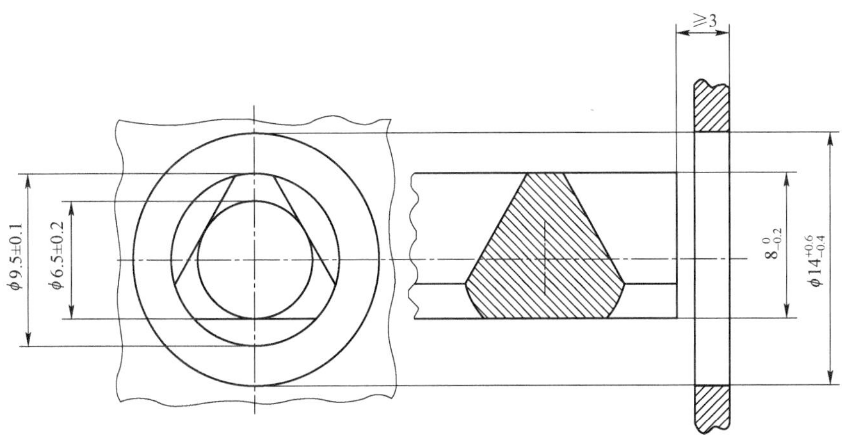


**图 13　三角形开锁装置**

5.3.9.3.2　三角形开锁装置的位置可在门扇上或门框上。

当在门扇或门框的垂直平面上时，三角形开锁装置孔距层站地面的高度不应大于 2.00 m。

如果三角形开锁装置在门框上且其孔在水平面上朝下，三角形开锁装置孔距层站地面的高度不应大于 2.70 m。三角钥匙的长度应至少等于门的高度减去 2.00 m。

长度大于 0.20 m 的三角钥匙是专用工具，应在电梯现场且仅被授权人员才能取得。

5.3.9.3.3　在一次紧急开锁后，如果层门关闭，则门锁装置应不能保持在开启位置。

5.3.9.3.4　在轿门驱动层门的情况下，当轿厢在开锁区域之外时，如果层门无论因为何种原因而开启，则应具有一种装置（重块或弹簧）能确保该层门关闭和锁紧。

5.3.9.3.5　如果没有进入底坑的通道门，而是通过层门，则从符合 5.2.2.4b）的底坑爬梯且在高度 1.80 m 内和最大水平距离 0.80 m 范围内应能安全地触及门锁，或者底坑内的人员通过永久设置的装置能打开层门。

2）平层标记

为了使操作人员在操作时知道轿厢所在位置，机房内必须有层站位置指示标识。最简单的方法是在曳引钢丝绳上用油漆进行标记，同时将标记对应的层站写在标记操作地点附近。电梯从第一站到最后一站，每楼层用二进制编码表示，在机房曳引钢丝绳上用红色油漆进行标识。

平层标记的查看方法：将电梯停靠在平层位置，观察曳引钢丝绳油漆涂抹的位置，从左到右按 8421 码的顺序，将油漆所代表的数字相加的和即为电梯所在楼层数。

3）盘车操作注意事项

（1）切断电源，并上锁挂牌。如果轿厢内有被困人员，应告知被困人员“正在救援，请保持镇定”，并告知“施救过程中，电梯将会多次启动、停车，请不要惊慌”。

（2）松闸盘车。可以通过查看平层标记或在被困楼层用三角钥匙将层门打开一定宽度（不应大于 10 cm）的方法来确定轿厢所在位置和盘车方向。

当电梯轿厢与平层位置相差不超过 0.3 m 时，不需要进行盘车；当超过 0.3 m 时，应执行以下操作。

① 维护人员迅速赶往机房，根据平层标识来判断电梯轿厢所处楼层位置。

② 取下盘车手轮和松闸扳手。

③ 一人将盘车手轮上的小齿轮与曳引机的大齿轮啮合，在确定后，另一人用松闸扳手对松闸装置施加均匀压力，使制动片打开。操作时，两人使用口令（如松、停）断续操作，使轿厢缓慢移动。轿厢每次的移动距离不能超过 30 cm，不可过急或幅度过大，以确保轿厢安全移动并获得可靠的制动性能。

④ 当盘车使轿厢移动到平层区域时，可使用三角钥匙打开电梯层门和轿门，引导乘客有序离开轿厢。

⑤ 重新关闭轿门和层门。

3. 正确进出轿顶

1）进入轿顶

（1）在基站设置安全围栏和安全警示牌，在工作楼层放置安全警示牌，参见图 1–2。

（2）按电梯外呼按钮，使电梯停在工作楼层。在轿厢内选下一层指令，将电梯停到下一层或便于上轿顶的位置（当楼层较高时）。

（3）当电梯运行到合适进出轿顶的位置时，用三角钥匙打开层门，宽度约 10 cm，放置顶门器。按外呼按钮，等待 10 s，测试层门电气联锁装置是否有效。

（4）重新打开层门，放置顶门器。站在层门地坎处，侧身按下急停开关，打开轿顶照明。取出顶门器，关闭层门，按外呼按钮，等待 10 s，测试轿顶急停按钮是否有效。

（5）打开层门，放置顶门器，将检修开关拨至检修位置后，将急停按钮复位。取下顶门器，关闭层门，按外呼按钮，等待 10 s，测试检修开关是否有效。

（6）打开层门，放置顶门器，按下急停开关，进入轿顶。站在轿顶安全、稳固、便于操作检修开关的位置，将安全绳挂在锁钩外，并拧紧。取出顶门器，关闭层门。

（7）站在轿顶，将急停开关复位。单独操作上行按钮，观察轿厢移动情况。如无移动，则同时按下公共按钮和上行按钮，电梯上行，验证完毕。

（8）单独按下下行按钮，观察轿厢移动情况。如无移动，则同时按下公共按钮和下行按钮，电梯下行，验证完毕。

（9）将电梯运行至合适位置，按下急停开关，开始在轿顶进行工作。

2）退出轿顶

（1）同一楼层退出轿顶。

① 在检修状态下，将电梯运行到退出轿顶的合适位置，按下急停开关。

② 打开层门，退出轿顶，用顶门器固定层门。

③ 站在层门入口处，将轿顶检修开关复位。

④ 关闭轿顶照明开关。

⑤ 将轿顶急停开关复位。

⑥ 取出顶门器，关闭层门，确认电梯是否正常运行。

（2）不在同一楼层退出轿顶。

① 将电梯开到要退出轿顶楼层的合适位置，按下急停开关。

② 打开层门，放下顶门器。

③ 将轿顶急停开关复位。

④ 同时按下公共按钮和下行按钮，确认层门电气联锁装置的有效性；同时按下公共按钮和下行按钮，两次确认层门电气联锁装置的有效性。

⑤ 验证完毕，按下急停开关控制电梯。

⑥ 打开层门，退出轿顶，用顶门器固定层门。

⑦ 站在层门口，将轿顶的检修开关复位。

⑧ 关闭轿顶照明开关。

⑨ 将轿顶急停开关复位。

⑩ 取出层门限位器，关闭层门，确认电梯正常运行，移走安全围栏和安全警示牌。

4. 进出底坑

1）进入底坑

（1）在基站设置安全围栏、安全警示牌，在工作楼层放置安全警示牌。

（2）按外呼按钮，将轿顶召唤至此层。

（3）在轿厢内设定上一层和顶层两个指令。

（4）等待电梯运行到合适位置（不可以是平层位置）。用层门钥匙打开层门到10 cm 宽度，放置顶门器，按外呼按钮，等待 10 s，测试层门电气联锁装置是否有效。

（5）打开层门，放置顶门器，侧身保持身体平衡，按底坑上急停开关。取出顶门器，关闭层门，按外呼按钮，等待 10 s，测试底坑上急停开关是否有效。

（6）打开层门，放置顶门器，打开照明开关，进入底坑。按下底坑下急停开关，出底坑。在层门外将底坑上急停开关复位，取出顶门器，关闭层门，按下外呼按钮，等待 10 s，测试底坑下急停开关是否有效。

（7）打开层门，放置顶门器，按下底坑上急停开关，进入底坑。打开层门至 10 cm 左右宽度，放置顶门器固定层门，开始工作。如果底坑过深，则需要其他人协助放置顶门器。

2）退出底坑

（1）完全打开层门后，用顶门器固定层门。

（2）将底坑下急停开关复位，关闭照明开关，出底坑。

（3）在层门地坎处，将底坑上急停开关复位。

（4）取出顶门器，关闭层门。

（5）试运行确认电梯恢复正常后，清理现场，移开安全警示牌。

## 课后习题

**一、填空题**

1. 在拉闸瞬间可能产生______________，一定要______________以免对人造成伤害。

2. 当轿厢超过最近的楼层平层位置______________m 时，须松闸盘车。

3. 机房内的紧急手动操作装置是漆成黄色的______________和漆成红色的______________。

4. 进入轿顶时，首先切断轿厢顶上检修盒上的______________开关，使电梯无法运行，再将有关开关置于______________状态。

5. ______________的作用是当电梯的运行速度超过额定速度一定值时，其动作致使安全钳起作用的安全装置。

6. ______________是各楼层用于乘客出入轿厢的地点。

7. 进出轿顶的程序，主要使用的工具是______________和______________。在操作中分别要验证______________、______________、______________回路，每次只能验证一个回路。

**二、选择题**

1. 电梯供电系统应采用______________系统。

A. 三相五线制　　B. 三相四线制

C. 三相三线制　　D. 中性点接地的 TN

2. 停止开关（急停）应是______________色，并标有“______________”字样加以说明。

A. 红、停止（或急停）　　B. 黄、停止（或急停）

C. 绿、急停　　D. 红、开关

3. 电梯出现关人现象，维修人员首先应做的是______________。

A. 打开抱闸，盘车放人　　B. 切断电梯动力电源

C. 与轿厢内人员取得联系　　D. 打开层门放人

4. 为了必要（如救援）时能从层站外打开层门，紧急开锁位置应______________。

A. 在基站层门上设置　　B. 在两个端站层门上设置

C. 设置在每个层站的层门上　　D. 每两层设置一个

5. 当需要手动盘车时，应______________。

A. 切断电梯电源　　B. 按下停止开关

C. 有人监护　　D. 打开制动器

6. 若机房、轿顶、轿厢内均有检修运行装置，必须保证______________的检修控制“优先”。

A. 机房　　B. 轿顶　　C. 轿厢内　　D. 最先操作

7. 用层门钥匙开启层门前，应______________。

A. 观察层楼显示　　B. 确认轿厢位置

C. 有人监护　　D. 接受培训

8. 目前电梯中最常用的驱动方式是______________。

A. 曳引驱动　　B. 卷筒驱动　　C. 液压驱动　　D. 齿轮齿条驱动

# 项目 2
# 电梯机械故障诊断与排除

## 教学目标

1. 了解《电梯制造与安装安全规范　第 1 部分：乘客电梯和载货电梯》（GB/T 7588.1—2020）中对电梯曳引系统、轿厢系统、门系统、导向和重量平衡系统及安全保护装置的相关要求；

2. 了解电梯曳引系统、轿厢系统、门系统、导向系统和重量平衡系统及安全保护装置的典型失效模式和失效产生的原因，并掌握其诊断和处理方法。

## 思政要素

培养学生实事求是、理性探究、勇于探索的科学精神；培养学生规则意识、安全意识和社会责任感。

## 任务 2.1　电梯曳引系统故障诊断与排除

### 任务描述

根据电梯曳引系统的组成结构和《电梯制造与安装安全规范　第 1 部分：乘客电梯和载货电梯》（GB/T 7588.1—2020）对电梯曳引系统相关结构的要求，完成电梯曳引系统故障的诊断和排除工作。

## 实施流程

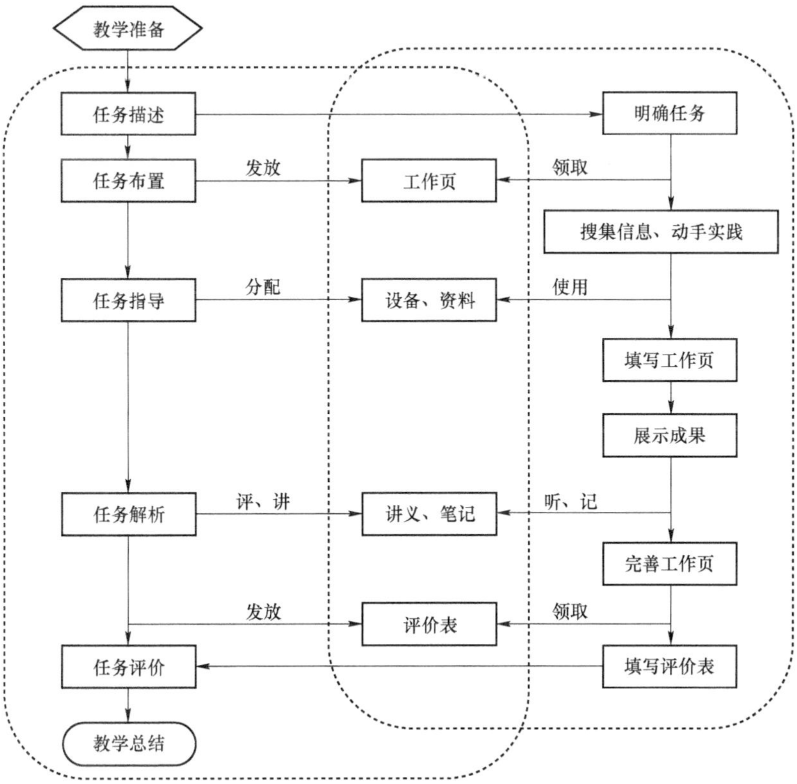


## 教学准备

一、资料准备：维修记录表、工作页、评价表。

二、工具准备：安全帽、工作服、绝缘电工鞋、安全带、安全围栏、安全警示牌、维修工具箱。

## 工作步骤

<table>
<tr><td>工作页名称</td><td colspan="2">检查项目一：驱动主机运行状态</td></tr>
<tr><td colspan="3">班级________ 姓名________ 日期________ 成绩________</td></tr>
<tr><td>失效类型</td><td>失效模式</td><td>解决措施</td></tr>
<tr><td rowspan="3">减速箱润滑状态不良</td><td></td><td></td></tr>
<tr><td></td><td></td></tr>
<tr><td></td><td></td></tr>
<tr><td rowspan="2">曳引机轴承状态不良</td><td></td><td></td></tr>
<tr><td></td><td></td></tr>
<tr><td rowspan="2">曳引轮防护装置状态不良</td><td></td><td></td></tr>
<tr><td></td><td></td></tr>
</table>

<table>
<tr><td>工作页名称</td><td colspan="2">检查项目二：曳引轮槽</td></tr>
<tr><td colspan="3">班级________ 姓名________ 日期________ 成绩________</td></tr>
<tr><td>失效类型</td><td>失效模式</td><td>解决措施</td></tr>
<tr><td rowspan="3">半圆形带切口绳槽的磨损</td><td></td><td></td></tr>
<tr><td></td><td></td></tr>
<tr><td></td><td></td></tr>
</table>

<table>
<tr><td>工作页名称</td><td colspan="2">检查项目三：曳引轮、导向轮轴承部</td></tr>
<tr><td colspan="3">班级________ 姓名________ 日期________ 成绩________</td></tr>
<tr><td>失效类型</td><td>失效模式</td><td>解决措施</td></tr>
<tr><td>密封轴承密封盖损坏</td><td></td><td></td></tr>
<tr><td>滚动轴承滚动体损坏</td><td></td><td></td></tr>
<tr><td>脂润滑轴承缺少润滑</td><td></td><td></td></tr>
</table>

<table>
<tr><td>工作页名称</td><td colspan="2">检查项目四：制动器间隙</td></tr>
<tr><td colspan="3">班级________ 姓名________ 日期________ 成绩________</td></tr>
<tr><td>失效类型</td><td>失效模式</td><td>解决措施</td></tr>
<tr><td rowspan="3">电磁直推鼓式制动器的间隙失效</td><td></td><td></td></tr>
<tr><td></td><td></td></tr>
<tr><td></td><td></td></tr>
</table>

| 工作页名称 | 检查项目五：制动衬 | |
|---|---|---|
| 班级______ 姓名______ 日期______ 成绩______ | | |
| 失效类型 | 失效模式 | 解决措施 |
| 电磁直推鼓式制动器制动衬的失效 | | |
| | | |
| | | |

| 工作页名称 | 检查项目六：制动器动作状态监测装置 | |
|---|---|---|
| 班级______ 姓名______ 日期______ 成绩______ | | |
| 失效类型 | 失效模式 | 解决措施 |
| 制动臂鼓式及电磁直推鼓式制动器动作状态监测装置的失效 | | |
| | | |
| | | |

## 考核评价

**电梯曳引系统故障诊断与排除——考核评价表**

班级______________　姓名______________　日期______________　成绩______________

| 序号 | 教学环节 | 参与情况 | 考核内容 | 教学评价 | |
|---|---|---|---|---|---|
| | | | | 自我评价 | 教师评价 |
| 1 | 明确任务 | 参　与【　】<br>未参与【　】 | 领会任务意图 | | |
| | | | 掌握任务内容 | | |
| | | | 明确任务要求 | | |
| 2 | 搜集信息<br>动手实践 | 参　与【　】<br>未参与【　】 | 完成任务操作 | | |
| | | | 搜集任务信息 | | |
| | | | 记录实践数据 | | |
| 3 | 填写工作页 | 参　与【　】<br>未参与【　】 | 明确工作步骤 | | |
| | | | 完成工作任务 | | |
| | | | 填写工作内容 | | |
| 4 | 展示成果 | 参　与【　】<br>未参与【　】 | 聆听成果分享 | | |
| | | | 参与成果展示 | | |
| | | | 提出修改建议 | | |
| 5 | 整理笔记 | 参　与【　】<br>未参与【　】 | 聆听任务解析 | | |
| | | | 整理解析内容 | | |
| | | | 完成学习笔记 | | |
| 6 | 完善工作页 | 参　与【　】<br>未参与【　】 | 自查工作任务 | | |
| | | | 更正错误信息 | | |
| | | | 完善工作内容 | | |
| 备注 | 请在教学评价栏目中填写：A、B 或 C。其中 A—能，B—勉强能，C—不能 | | | | |
| 学生心得 | | | | | |
| | | | | | |
| 教师寄语 | | | | | |
| | | | | | |

# 任务 2.2　电梯轿厢系统故障诊断与排除

## 任务描述

根据电梯轿厢系统的组成结构和《电梯制造与安装安全规范　第 1 部分：乘客电梯和载货电梯》（GB/T 7588.1—2020）对电梯轿厢系统相关结构的要求，完成电梯轿厢系统故障的诊断和排除工作。

## 实施流程

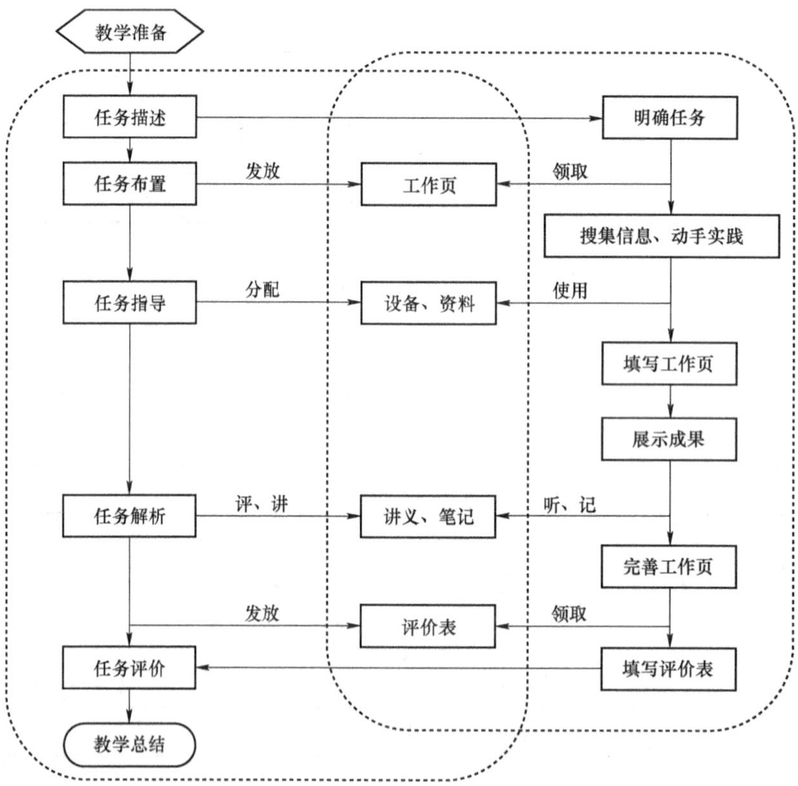


## 教学准备

一、资料准备：维修记录表、工作页、评价表。

二、工具准备：安全帽、工作服、绝缘电工鞋、安全带、安全围栏、安全警示牌、维修工具箱。

## 工作步骤

| 工作页名称 | 检查项目一：轿厢平层精度 | |
|---|---|---|
| 班级______ 姓名______ | 日期______ | 成绩______ |
| 失效类型 | 失效模式 | 解决措施 |
| 平层准确度不良 | | |
| | | |
| 平层保持精度不良 | | |
| | | |

| 工作页名称 | 检查项目二：随行电缆 | |
|---|---|---|
| 班级______ 姓名______ | 日期______ | 成绩______ |
| 失效类型 | 失效模式 | 解决措施 |
| 电缆破损 | | |
| | | |

## 考核评价

**电梯轿厢系统故障诊断与排除——考核评价表**

班级_______________ 姓名_______________ 日期_______________ 成绩_______________

| 序号 | 教学环节 | 参与情况 | 考核内容 | 教学评价 | |
|---|---|---|---|---|---|
| | | | | 自我评价 | 教师评价 |
| 1 | 明确任务 | 参　与【　】<br>未参与【　】 | 领会任务意图 | | |
| | | | 掌握任务内容 | | |
| | | | 明确任务要求 | | |
| 2 | 搜集信息<br>动手实践 | 参　与【　】<br>未参与【　】 | 完成任务操作 | | |
| | | | 搜集任务信息 | | |
| | | | 记录实践数据 | | |
| 3 | 填写工作页 | 参　与【　】<br>未参与【　】 | 明确工作步骤 | | |
| | | | 完成工作任务 | | |
| | | | 填写工作内容 | | |
| 4 | 展示成果 | 参　与【　】<br>未参与【　】 | 聆听成果分享 | | |
| | | | 参与成果展示 | | |
| | | | 提出修改建议 | | |
| 5 | 整理笔记 | 参　与【　】<br>未参与【　】 | 聆听任务解析 | | |
| | | | 整理解析内容 | | |
| | | | 完成学习笔记 | | |
| 6 | 完善工作页 | 参　与【　】<br>未参与【　】 | 自查工作任务 | | |
| | | | 更正错误信息 | | |
| | | | 完善工作内容 | | |
| 备注 | 请在教学评价栏目中填写：A、B 或 C。其中 A—能，B—勉强能，C—不能 | | | | |
| 学生心得 | | | | | |
| | | | | | |
| 教师寄语 | | | | | |
| | | | | | |

# 任务 2.3　电梯门系统故障诊断与排除

## 任务描述

根据电梯门系统的组成结构和《电梯制造与安装安全规范　第 1 部分：乘客电梯和载货电梯》（GB/T 7588.1—2020）对电梯门系统相关结构的要求，完成电梯门系统故障的诊断和排除工作。

## 实施流程

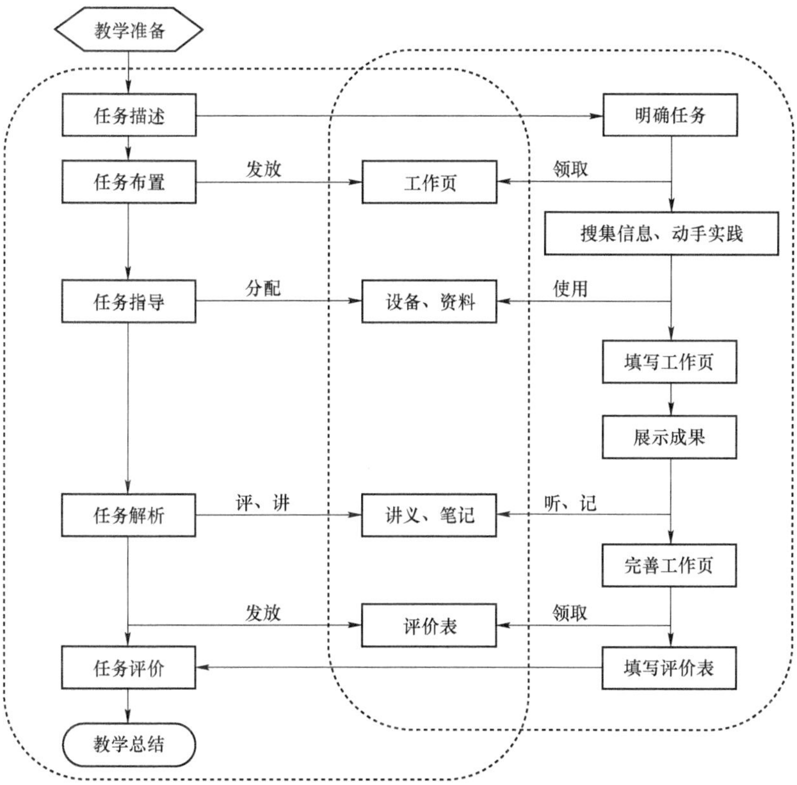


## 教学准备

一、资料准备：维修记录表、工作页、评价表。

二、工具准备：安全帽、工作服、绝缘电工鞋、安全带、安全围栏、安全警示牌、维修工具箱。

## 工作步骤

<table>
<tr><td>工作页名称</td><td colspan="2">检查项目一：层门门锁自动复位</td></tr>
<tr><td colspan="3">班级______ 姓名______ 日期______ 成绩______</td></tr>
<tr><td>失效类型</td><td>失效模式</td><td>解决措施</td></tr>
<tr><td rowspan="2">层门门锁状态不良</td><td></td><td></td></tr>
<tr><td></td><td></td></tr>
<tr><td rowspan="2">层门紧急开锁装置状态不良</td><td></td><td></td></tr>
<tr><td></td><td></td></tr>
</table>

<table>
<tr><td>工作页名称</td><td colspan="2">检查项目二：层门锁紧元件啮合长度</td></tr>
<tr><td colspan="3">班级______ 姓名______ 日期______ 成绩______</td></tr>
<tr><td>失效类型</td><td>失效模式</td><td>解决措施</td></tr>
<tr><td>锁紧元件啮合长度不足</td><td></td><td></td></tr>
<tr><td rowspan="2">锁紧元件啮合位置不佳</td><td></td><td></td></tr>
<tr><td></td><td></td></tr>
</table>

<table>
<tr><td>工作页名称</td><td colspan="2">检查项目三：层门悬挂装置</td></tr>
<tr><td colspan="3">班级______ 姓名______ 日期______ 成绩______</td></tr>
<tr><td>失效类型</td><td>失效模式</td><td>解决措施</td></tr>
<tr><td rowspan="2">滚轮状态不良</td><td></td><td></td></tr>
<tr><td></td><td></td></tr>
<tr><td>滑轨状态不良</td><td></td><td></td></tr>
</table>

<table>
<tr><td>工作页名称</td><td colspan="2">检查项目四：层门门导靴</td></tr>
<tr><td colspan="3">班级______ 姓名______ 日期______ 成绩______</td></tr>
<tr><td>失效类型</td><td>失效模式</td><td>解决措施</td></tr>
<tr><td rowspan="3">层门门导靴使用状态不良</td><td></td><td></td></tr>
<tr><td></td><td></td></tr>
<tr><td></td><td></td></tr>
<tr><td rowspan="4">层门门导靴装置不良</td><td></td><td></td></tr>
<tr><td></td><td></td></tr>
<tr><td></td><td></td></tr>
<tr><td></td><td></td></tr>
</table>

# 考核评价

**电梯门系统故障诊断与排除——考核评价表**

班级________ 姓名________ 日期________ 成绩________

| 序号 | 教学环节 | 参与情况 | 考核内容 | 教学评价 | |
|---|---|---|---|---|---|
| | | | | 自我评价 | 教师评价 |
| 1 | 明确任务 | 参　与【　】<br>未参与【　】 | 领会任务意图 | | |
| | | | 掌握任务内容 | | |
| | | | 明确任务要求 | | |
| 2 | 搜集信息<br>动手实践 | 参　与【　】<br>未参与【　】 | 完成任务操作 | | |
| | | | 搜集任务信息 | | |
| | | | 记录实践数据 | | |
| 3 | 填写工作页 | 参　与【　】<br>未参与【　】 | 明确工作步骤 | | |
| | | | 完成工作任务 | | |
| | | | 填写工作内容 | | |
| 4 | 展示成果 | 参　与【　】<br>未参与【　】 | 聆听成果分享 | | |
| | | | 参与成果展示 | | |
| | | | 提出修改建议 | | |
| 5 | 整理笔记 | 参　与【　】<br>未参与【　】 | 聆听任务解析 | | |
| | | | 整理解析内容 | | |
| | | | 完成学习笔记 | | |
| 6 | 完善工作页 | 参　与【　】<br>未参与【　】 | 自查工作任务 | | |
| | | | 更正错误信息 | | |
| | | | 完善工作内容 | | |
| 备注 | 请在教学评价栏目中填写：A、B 或 C。其中 A—能，B—勉强能，C—不能 | | | | |
| 学生心得 | | | | | |
| | | | | | |
| 教师寄语 | | | | | |
| | | | | | |

# 任务 2.4 电梯导向与重量平衡系统故障诊断与排除

## 任务描述

根据电梯导向与重量平衡系统的组成结构及《电梯制造与安装安全规范 第 1 部分：乘客电梯和载货电梯》（GB/T 7588.1—2020）对电梯导向与重量平衡系统相关结构的要求，完成电梯导向与重量平衡系统故障的诊断和排除工作。

## 实施流程

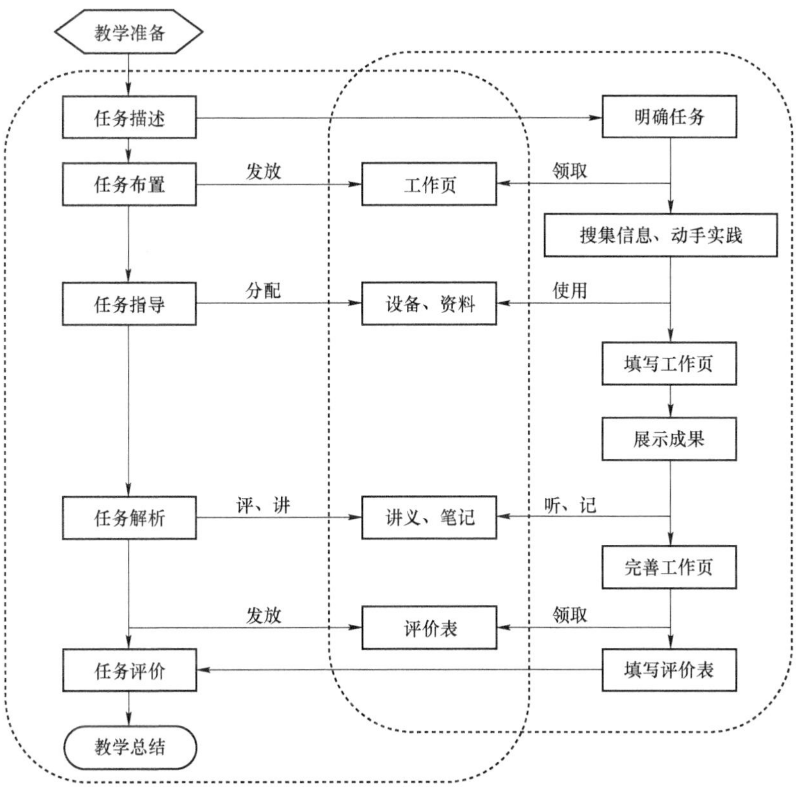


## 教学准备

一、资料准备：维修记录表、工作页、评价表。

二、工具准备：安全帽、工作服、绝缘电工鞋、安全带、安全围栏、安全警示牌、维修工具箱。

## 工作步骤

<table>
<tr><td>工作页名称</td><td colspan="2">检查项目一：轿顶靴衬、滚轮</td></tr>
<tr><td colspan="3">班级________ 姓名________ 日期________ 成绩________</td></tr>
<tr><td>失效类型</td><td>失效模式</td><td>解决措施</td></tr>
<tr><td rowspan="2">弹性滑动导靴状态不良</td><td></td><td></td></tr>
<tr><td></td><td></td></tr>
<tr><td rowspan="3">弹性滑动导靴状态不良</td><td></td><td></td></tr>
<tr><td></td><td></td></tr>
<tr><td></td><td></td></tr>
<tr><td rowspan="3">弹性滑动导靴状态不良</td><td></td><td></td></tr>
<tr><td></td><td></td></tr>
<tr><td></td><td></td></tr>
</table>

<table>
<tr><td>工作页名称</td><td colspan="2">检查项目二：轿顶导靴上油杯</td></tr>
<tr><td colspan="3">班级________ 姓名________ 日期________ 成绩________</td></tr>
<tr><td>失效类型</td><td>失效模式</td><td>解决措施</td></tr>
<tr><td rowspan="2">油杯油量状态不正常</td><td></td><td></td></tr>
<tr><td></td><td></td></tr>
<tr><td rowspan="4">油杯出油不顺畅</td><td></td><td></td></tr>
<tr><td></td><td></td></tr>
<tr><td></td><td></td></tr>
<tr><td></td><td></td></tr>
</table>

<table>
<tr><td>工作页名称</td><td colspan="2">检查项目三：对重/平衡重及其压板</td></tr>
<tr><td colspan="3">班级________ 姓名________ 日期________ 成绩________</td></tr>
<tr><td>失效类型</td><td>失效模式</td><td>解决措施</td></tr>
<tr><td rowspan="2">对重块的坠落风险</td><td></td><td></td></tr>
<tr><td></td><td></td></tr>
<tr><td rowspan="2">对重块的断裂风险</td><td></td><td></td></tr>
<tr><td></td><td></td></tr>
<tr><td rowspan="2">对重块的数量异常</td><td></td><td></td></tr>
<tr><td></td><td></td></tr>
</table>

## 考核评价

**电梯导向与重量平衡系统故障诊断与排除——考核评价表**

班级________ 姓名________ 日期________ 成绩________

| 序号 | 教学环节 | 参与情况 | 考核内容 | 教学评价 | |
|---|---|---|---|---|---|
| | | | | 自我评价 | 教师评价 |
| 1 | 明确任务 | 参　与【　】<br>未参与【　】 | 领会任务意图 | | |
| | | | 掌握任务内容 | | |
| | | | 明确任务要求 | | |
| 2 | 搜集信息<br>动手实践 | 参　与【　】<br>未参与【　】 | 完成任务操作 | | |
| | | | 搜集任务信息 | | |
| | | | 记录实践数据 | | |
| 3 | 填写工作页 | 参　与【　】<br>未参与【　】 | 明确工作步骤 | | |
| | | | 完成工作任务 | | |
| | | | 填写工作内容 | | |
| 4 | 展示成果 | 参　与【　】<br>未参与【　】 | 聆听成果分享 | | |
| | | | 参与成果展示 | | |
| | | | 提出修改建议 | | |
| 5 | 整理笔记 | 参　与【　】<br>未参与【　】 | 聆听任务解析 | | |
| | | | 整理解析内容 | | |
| | | | 完成学习笔记 | | |
| 6 | 完善工作页 | 参　与【　】<br>未参与【　】 | 自查工作任务 | | |
| | | | 更正错误信息 | | |
| | | | 完善工作内容 | | |
| 备注 | 请在教学评价栏目中填写：A、B 或 C。其中 A—能，B—勉强能，C—不能 | | | | |
| 学生心得 | | | | | |
| | | | | | |
| 教师寄语 | | | | | |
| | | | | | |

# 任务 2.5　电梯安全保护装置故障诊断与排除

## 任务描述

根据电梯安全保护装置的组成结构和《电梯制造与安装安全规范　第 1 部分：乘客电梯和载货电梯》（GB/T 7588.1—2020）对电梯安全保护装置相关结构的要求，完成电梯安全保护装置故障的诊断与排除工作。

## 实施流程

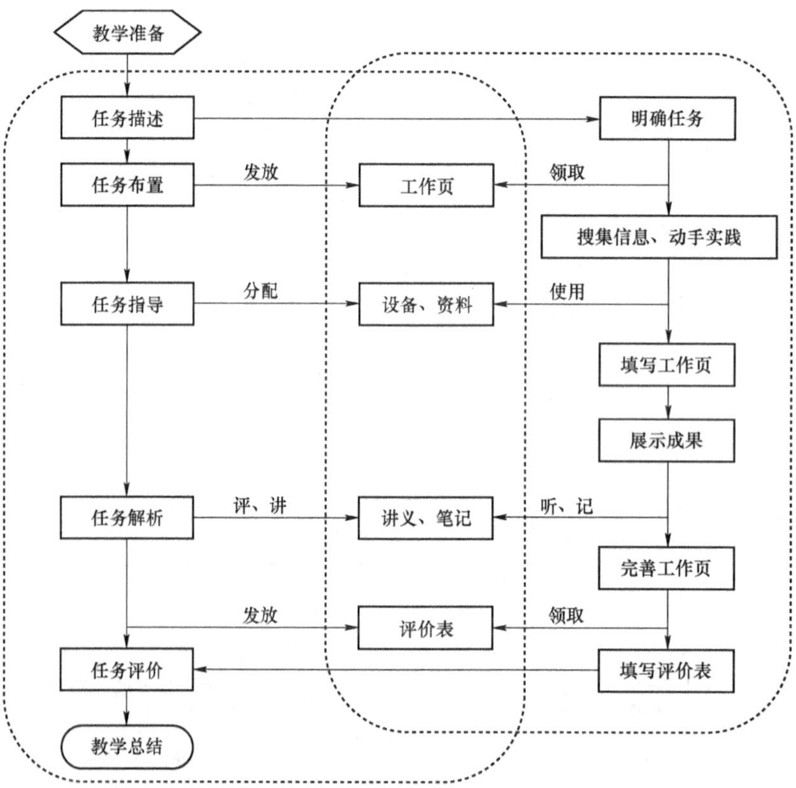


## 教学准备

一、资料准备：维修记录表、工作页、评价表。

二、工具准备：安全帽、工作服、绝缘电工鞋、安全带、安全围栏、安全警示牌、维修工具箱。

# 工作步骤

<table>
<tr><td>工作页名称</td><td colspan="2">检查项目一：限速器</td></tr>
<tr><td colspan="3">班级＿＿＿＿＿＿ 姓名＿＿＿＿＿＿ 口期＿＿＿＿＿＿ 成绩＿＿＿＿＿＿</td></tr>
<tr><td>失效类型</td><td>失效模式</td><td>解决措施</td></tr>
<tr><td>限速器电气安全开关失效</td><td></td><td></td></tr>
<tr><td rowspan="4">限速器触发机构失效</td><td></td><td></td></tr>
<tr><td></td><td></td></tr>
<tr><td></td><td></td></tr>
<tr><td></td><td></td></tr>
<tr><td rowspan="4">限速器制动机构失效</td><td></td><td></td></tr>
<tr><td></td><td></td></tr>
<tr><td></td><td></td></tr>
<tr><td></td><td></td></tr>
</table>

| 工作页名称 | 检查项目二：限速器张紧装置和电气安全装置 | |
|---|---|---|
| 班级________ 姓名________ 日期________ 成绩________ | | |
| 失效类型 | 失效模式 | 解决措施 |
| 限速器张紧装置状态不良 | | |
| | | |
| | | |
| 电气安全装置状态不良 | | |
| | | |
| | | |

<table>
<tr><td>工作页名称</td><td colspan="2">检查项目三：端站保护开关</td></tr>
<tr><td colspan="3">班级________ 姓名________ 日期________ 成绩________</td></tr>
<tr><td>失效类型</td><td>失效模式</td><td>解决措施</td></tr>
<tr><td rowspan="4">端站保护开关工作状态不良</td><td></td><td></td></tr>
<tr><td></td><td></td></tr>
<tr><td></td><td></td></tr>
<tr><td></td><td></td></tr>
<tr><td rowspan="3">端站保护开关与撞弓工作配合不良</td><td></td><td></td></tr>
<tr><td></td><td></td></tr>
<tr><td></td><td></td></tr>
<tr><td rowspan="2">端站保护开关安装调试不正确</td><td></td><td></td></tr>
<tr><td></td><td></td></tr>
</table>

# 考核评价

**电梯安全保护装置故障诊断与排除——考核评价表**

班级______________ 姓名______________ 日期______________ 成绩______________

| 序号 | 教学环节 | 参与情况 | 考核内容 | 教学评价 | |
|---|---|---|---|---|---|
| | | | | 自我评价 | 教师评价 |
| 1 | 明确任务 | 参 与【 】<br>未参与【 】 | 领会任务意图 | | |
| | | | 掌握任务内容 | | |
| | | | 明确任务要求 | | |
| 2 | 搜集信息<br>动手实践 | 参 与【 】<br>未参与【 】 | 完成任务操作 | | |
| | | | 搜集任务信息 | | |
| | | | 记录实践数据 | | |
| 3 | 填写工作页 | 参 与【 】<br>未参与【 】 | 明确工作步骤 | | |
| | | | 完成工作任务 | | |
| | | | 填写工作内容 | | |
| 4 | 展示成果 | 参 与【 】<br>未参与【 】 | 聆听成果分享 | | |
| | | | 参与成果展示 | | |
| | | | 提出修改建议 | | |
| 5 | 整理笔记 | 参 与【 】<br>未参与【 】 | 聆听任务解析 | | |
| | | | 整理解析内容 | | |
| | | | 完成学习笔记 | | |
| 6 | 完善工作页 | 参 与【 】<br>未参与【 】 | 自查工作任务 | | |
| | | | 更正错误信息 | | |
| | | | 完善工作内容 | | |
| 备注 | 请在教学评价栏目中填写：A、B 或 C。其中 A—能，B—勉强能，C—不能 | | | | |
| 学生心得 | | | | | |
| | | | | | |
| 教师寄语 | | | | | |
| | | | | | |

## 知识链接

1. 电梯的曳引系统

1）驱动主机的检查

在电梯的正常上下全程运行中，可以观察电梯的曳引机和曳引系统是否存在振动或异响。如果曳引机在运行中出现振动或异响，可以考虑采取以下步骤进行故障排查。

首先，在断电情况下，手动松开制动器，使空载电梯匀速上溜到顶层层站外。此时，如果在顶层层站外观察到曳引机存在振动或异响，那么可以初步确定问题原因是由曳引机的机械方面引起的。这时应该检查制动器、电动机、减速箱及联轴器等旋转、活动部件，以确定产生问题的具体原因。

其次，如果断电溜车状态下曳引机没有振动或异响，那么应考虑对曳引机的电气部分进行故障排查。例如，电动机线圈绕组损坏、绝缘不良或驱动器电子部件损坏（包括参数错误）等都可能引起曳引机的振动和异响。

最后，在进行故障排查时，需要仔细检查各个部件，包括轴承、转轴等旋转部件，以及电气部分的电动机和驱动器等电子部件。通过这些步骤，可以逐步缩小故障范围，最终找到产生问题的具体原因并加以解决。

（1）减速箱润滑状态不良。

① 失效模式一：减速箱内缺油，引起振动和异响。

解决方法是确认减速箱内润滑油状态良好的情况下，向减速箱内添加足够的同型号润滑油。

② 失效模式二：减速箱内润滑油过多，引起振动和异响。

解决方法是确认减速箱内润滑油状态良好的情况下，释放一定量的润滑油。

③ 失效模式三：减速箱内润滑油变质，引起振动和异响。

解决方法是将原有润滑油释放完毕后，添加足量的新润滑油。如原有润滑油严重变质黏稠，应使用柴油等有机溶剂清洗减速箱内部，再更换新的润滑油。

（2）曳引机轴承状态不良。

① 失效模式一：减速箱涡轮蜗杆轴承损坏引起振动和异响。

解决方法是更换涡轮蜗杆轴承。

绝大多数涡轮蜗杆减速箱和涡轮蜗杆轴承被设计为全封闭结构，密封性能良好，可以有效隔绝环境中水分和化学成分，防止腐蚀涡轮蜗杆及轴承。

涡轮蜗杆轴承多采用全封闭式轴承（轴承的两侧都附有密封盖），该种轴承内的滚珠（柱）四周，在制造时都会灌注一定量的润滑脂，再用密封盖将轴承两侧密封，使润滑脂不会因杂质的积累而硬化，从而延长轴承在高速及恶劣情况下运行时的寿命。

但是减速机在运行过程中，齿轮油由热变冷后会产生一定的水分凝聚，如果所使用的润滑油含有的水分过高，另外，当轴承的质量、装配工艺存在一定缺陷时，就十分容易生锈、腐蚀，进而导致轴承损坏。

② 失效模式二：曳引轮轴承损坏引起振动和异响，当曳引轮轴采用三点支撑结构设计时，应尤为关注曳引轮轴承的工作状态。

解决方法是更换曳引轮轴承。

对于曳引轮轴的支撑，只需要对轮轴两端采用推力轴承进行支撑和固定，即可完全约束曳引轮轴的所有自由度，形成机械上的“静定结构”。如果在两端支撑固定的基础上，在曳引轮轴的中间增加一个轴承，对轮轴再次进行支撑固定，则约束曳引轮轴的条件超过了轮轴实际可能产生的自由度，成了“超静定结构”。

静定结构的约束刚好能保持结构静定，超静定结构的约束多于结构保持静定所需要的。静定结构只要有一个约束出现故障失效，那么整个结构就成为可变结构了，此时曳引轮就会失去支撑造成事故；而超静定有多余的约束，个别约束失效了仍可以保持在稳定状态，这是超静定结构的优点。

但是在实际使用过程中，由于环境温度变化、加工误差、受力变形等原因，曳引轮轴在工作中无法始终呈严格直线状态不产生弯曲，而弯曲状态下的轮轴旋转会产生圆周摆动，从而引起一定的振动。如果轮轴长期处于这种振动状态，在 3 个轴承支撑点的束缚下，会使得轮轴反复发生弯曲，在一定的时间后会出现金属疲劳，在轮轴的表面和内部产生裂纹，最终使轮轴发生断裂。

（3）曳引轮防护装置状态不良。

① 失效模式一：曳引轮或曳引钢丝绳与其防护装置（防咬入、防脱槽）刮擦，引起振动和异响。

解决方法是对曳引轮和导向轮防护装置进行调整，避免相互擦碰。

曳引轮或曳引钢丝绳与其防咬入设备的距离不可过大，但是当该间隙过小时，容易引起曳引轮与其罩壳、曳引钢丝绳与防咬入装置刮擦的情况，造成振动和异响。

② 失效模式二：曳引轮和导向轮防止钢丝绳脱离的装置与钢丝绳间隙过大。

解决方法是对曳引轮和导向轮防护装置进行调整，防止钢丝绳脱离的装置与钢丝绳间隙不应大于钢丝绳直径的 1/2，或至少不大于钢丝绳沉入绳槽的深度。

2）曳引轮槽的检查

检查项目一

用直径 1 mm 钢丝（或电线），插入曳引钢丝绳与绳槽的切口槽底部之间，并应能不受阻碍地从曳引绳槽另一侧伸出，检查电梯钢丝绳在绳槽内是否磨损至切口槽的底部。

检查项目二

用直尺沿轴向紧贴曳引轮外圆面，压住曳引钢丝绳，然后测量槽内钢丝绳顶点至直尺距离。各钢丝绳在曳引轮上的高度偏差应在 2～3 mm 以内。

（1）失效模式一：绳槽磨损至切口槽底部，导致钢丝绳曳引力明显下降。

如果钢丝绳与槽底部的间隙减少至不足 1 mm，也即当钢丝无法顺利插入并穿过时，应当更换曳引轮。切勿对已经磨损的绳槽切口进行车削加工绳槽，当切口下方的轮缘厚度过小时，极易引起曳引轮因绳槽强度不足而断裂。

在实际使用中，切口的开口角度、曳引轮包角和曳引钢丝绳数量在理论上均不会发生改变，但是考虑到曳引轮槽的磨损状态，当轮槽切口两缘磨损过度时，曳引钢丝绳高度会下落，与切口底部相接触，这会使得切口两缘的比压下降，导致曳引力急剧下降。这种情况被称为曳引轮落槽。

在认为绳槽存在严重磨损、可能影响曳引能力时，就应对曳引能力进行验证试验。通过空载曳引力试验、上行制动试验、下行制动试验、静态曳引试验来确认曳引能力是否符合要求，各项试验结论均合格后，方可认为不影响曳引能力。

需要注意的是，当电梯在经过长期使用后，需要对曳引钢丝绳进行更换时，就应同步对曳引轮进行更换。因为绳槽在磨损过程中，原有钢丝绳的直径也在逐渐磨损变小，而新更换的钢丝绳的直径必定会略大于经过磨损的绳槽宽度。当新的钢丝绳在磨损过的绳槽上运行时，因与绳槽的非正常接触而引起摩擦力过大（受到绳槽两侧的非正常挤压），导致曳引力过剩，以及新更换钢丝绳的磨损。

（2）失效模式二：各绳槽磨损不均匀，部分绳槽磨损速度过快，单一绳槽磨损至切口槽底部，导致曳引能力明显下降。

如果各曳引绳槽磨损程度差异过大，当超过 2～3 mm 时，认为绳槽存在严重磨损，可能影响曳引能力，应当对曳引能力进行验证试验，同时就应及时对钢丝绳张力进行调整，以减缓落槽程度较严重绳槽的进一步磨损。

在钢丝绳张力调整不均匀的情况下，张力较大的钢丝绳对绳槽的正压力最大，在电梯运行时该钢丝绳及其绳槽所产生的静摩擦力会更大，因而该绳槽的磨损也会比其他绳槽更快。

当个别绳槽的节圆直径由于磨损过快而明显小于其他绳槽时，该绳槽节圆上的线速度会明显快于其他绳槽，但是在电梯运行时所有钢丝绳的线速度是一致的，此时就会导致磨损绳槽上的钢丝绳运行速度低于绳槽转动的线速度，使钢丝绳与曳引绳槽产生滑动摩擦，此时的摩擦力明显小于静摩擦状态下的曳引力。

（3）失效模式三：曳引轮绳槽油污过于严重，导致曳引能力下降。

解决方法是用抹布对绳槽油污进行清洁。

电梯在长期使用过程中，由于曳引钢丝绳长期处于受力拉伸状态，其内部麻芯内的润滑脂会不断渗出到钢丝绳表面，对钢丝绳内部钢丝之间进行润滑。但是如果钢丝绳表面积累的润滑脂过多，这些润滑脂还会不断地堆积在曳引轮绳槽上，使得绳槽与钢丝绳表面过度润滑，导致曳引能力下降。

3）曳引轮、导向轮轴承部的检查

检查项目一

对轴承的密封端盖进行检查，确认轴承密封良好，外观无破损、无润滑脂渗漏的情况。

检查项目二

在机房内以紧急电动运行模式控制电梯的运行，在电梯运行过程中，观察曳引轮和导向轮在旋转过程中是否存在异响。当无法明确分辨时，可用听诊器（或实心金属柱状物体）碰触在轴承支座上，在另一侧用耳听诊。

检查项目三

在电梯连续运行 5～15 min 后，用测温设备对轴承外圈（密封盖）表面温度进行测量，当脂润滑时，轴承外圈温度不允许超过 80 ℃。

（1）密封轴承密封盖损坏。

失效模式：轴承密封端盖破损或密封失效，导致漏油或外部杂质进入轴承，引起轴承损坏。

解决方法是对渗漏润滑油脂进行清洁，便于后续检查维护中确认密封盖是否仍然存在渗漏，确认轴承密封盖是否存在破损。

当确认滚动轴承运行中存在异响或轴承密封盖损坏时，应拆除对重返绳轮，对轴承进行更换；更换时应采用手拉葫芦将轿厢悬吊在井道顶部后，在底坑内搭建移动脚手架后进行作业。

（2）滚动轴承滚动体损坏。

失效模式：轴承滚动体破碎或内部掺杂异物，导致对重运行过程中存在异响。

当确认滚动轴承运行中存在异响或轴承密封盖损坏时，应拆除对重返绳轮，对轴承进行更换；更换时应采用手拉葫芦将轿厢悬吊在井道顶部后，在底坑内搭建移动脚手架后进行作业。

（3）脂润滑轴承缺少润滑。

失效模式：轴承缺少润滑脂，引起轴承工作温度过高。

用油枪对轴承进行润滑，外壳内的润滑脂充填量随外壳的结构和容积而有所不同，一般充填至容积的 1/3～1/2 为宜。但用于低速轴承时，为防止异物侵入，有时也充填至容积的 2/3～1。

补充的润滑脂应尽量为同一品牌号的润滑脂，并应确保新润滑脂确实进入到轴承内部。

4）制动器间隙的检查

将电梯切断主电源后向上电动溜车，直至对重完全压实在其缓冲器上。

在制动器关闭的状态下，用塞尺在制动器衔铁（动板）与电磁线圈端盖（静板）之间气隙的 4 个方向上进行测量，该气隙应符合制造单位设计要求，且 4 个方向上的气隙大小应一致，以避免制动衬与制动鼓接触不全面。

该气隙大小等于制动器打开间隙，如无特殊说明，该气隙宜不小于 0.1 mm，确保其不与制动鼓擦碰；该气隙也不宜过大，根据经验判断，当制动器间隙接近 0.6 mm 时制动器关闭音会大幅度增加，同时可能引起电磁直推鼓式制动器无法正常打开。

（1）失效模式一：制动器衔铁与电磁线圈端盖之间气隙过大，衔铁启动时电磁力不足，导致制动器无法打开。

在制动器关闭的状态下，调节衔铁的定位螺丝，将气隙调节至制造单位设计要求范围内，且衔铁与线圈端盖之间的气隙大小应均匀。

若制动衬局部磨损，则有可能引起制动器气隙局部偏大的情况，此时应至少确保气隙所有位置的间隙均在要求范围内。

需注意，电磁直推鼓式制动器多无法直接测量制动器间隙，其制动器关闭状态下的气隙即该位置制动器开启时的间隙。

某型号电磁直推鼓式制动器的间隙检查（见图 2–1 与图 2–2）及调节方法如下。

图 2–1　左下角间隙检查

图 2–2　右下角间隙检查

用手动松闸装置，反复打开单侧制动器，用塞尺测量制动器四角的打开间隙，对间隙偏大或偏小的位置，松动对应的磁隙调整螺栓②和导向螺母①，步骤如下。

先逆时针轻微转动 4 个磁隙调整螺栓②，如图 2–3 所示。再逆时针轻微转动 4 个导向螺母①，如图 2–4 所示。

图 2–3　逆时针轻微转动 4 个磁隙调整螺栓②

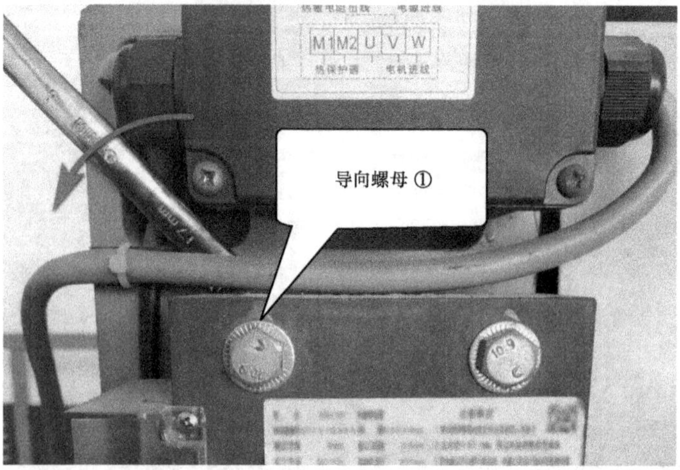


图 2-4　逆时针轻微转动 4 个导向螺母①

然后将空心螺栓①和螺栓②顺时针配合旋转，将底座③和盖板④间的磁隙调整至设计要求范围内（0.35～0.4 mm），如图 2-5 与图 2-6 所示。

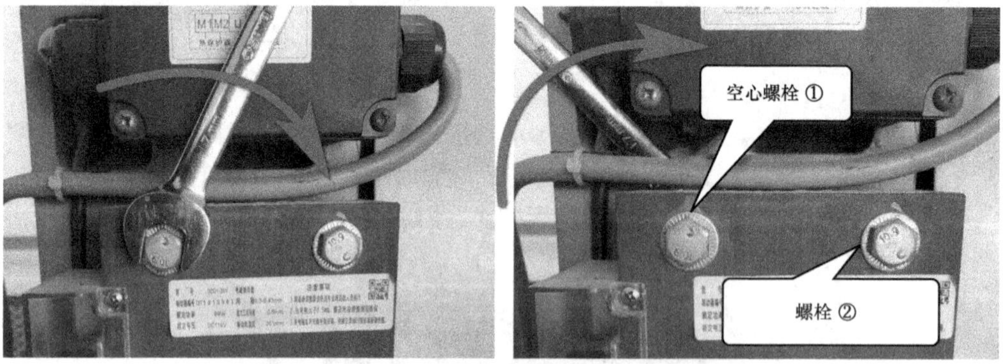


图 2-5　空心螺栓①和螺栓②顺时针配合旋转

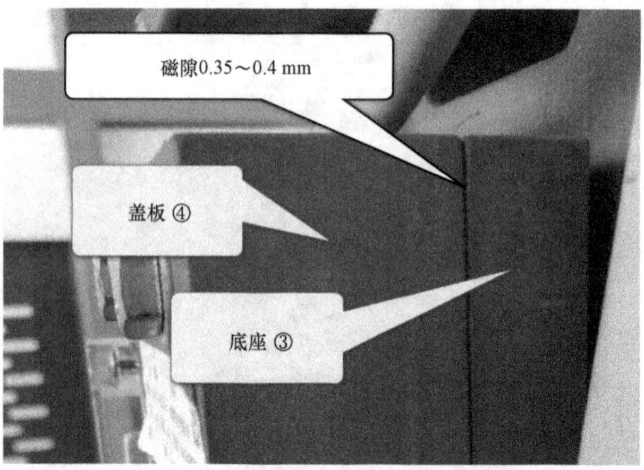


图 2-6　磁隙调整至设计要求范围内

调整完成后，用手动松闸装置，反复打开单侧制动器，用塞尺对制动器四角的打开间隙进行复验，检查间隙是否满足要求。

随着制动衬的不断磨损变薄，会使得当制动器打开时，制动衬与制动鼓之间的间隙变大；而当制动器关闭时，衔铁与制动器线圈端面之间的气隙同尺寸变大。

从电磁直推鼓式制动器的机械结构特性来看，由于制动衬与衔铁同步运动，正常状态下的衔铁气隙与制动器打开间隙相同，均处于 0.1～0.6 mm，因此，电磁力的作用行程普遍较短。一旦制动衬的磨损量达到同等数量级，在制动器关闭后，很可能使衔铁气隙过大（见图 2–7），超出电磁力的作用范围，导致制动器无法打开。

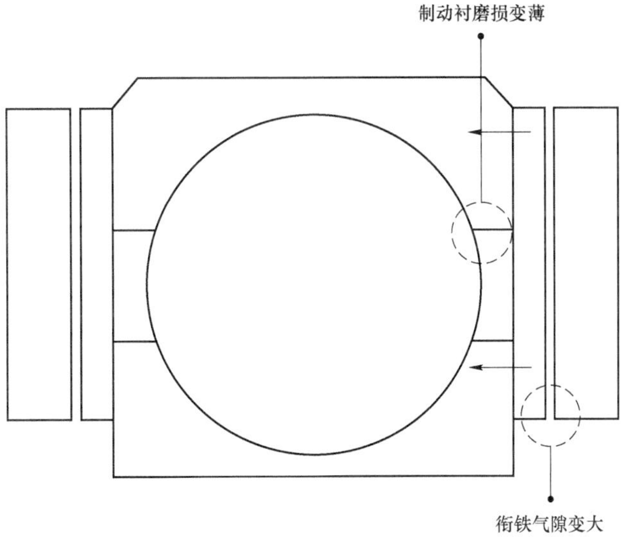


**图 2–7　衔铁气隙过大**

对于电磁直推鼓式制动器，应定期测量其制动器气隙，监测其制动衬的磨损量，及时针对制动衬的磨损情况同步调整制动器气隙，确保制动器工作正常。若制动衬局部磨损，则有可能引起制动器气隙局部偏大的情况，此时应至少确保气隙所有位置的间隙均在要求范围内。

（2）失效模式二：制动器气隙过小（或局部过小），导致制动衬无法打开（或局部打开）。

解决措施与失效模式一相同。

电磁直推鼓式制动器由于制动衬与衔铁同步运动，正常状态下的衔铁气隙与制动器打开间隙相同，如果气隙过小（或局部过小，见图 2–8），就会引起制动衬无法打开（或仅局部打开）。另外，当电梯运行中出现反复紧急制动时，制动鼓表面摩擦升温，会使得制动鼓受热膨胀，导致制动衬与制动鼓之间的间隙缩小。如调整制动器打开间隙时，未在制动器工作温度下进行，而制动器气隙调整偏小，此时制动衬就有可能在制动鼓受热膨胀后，与制动鼓发生摩擦，造成制动衬无法有效打开，如图 2–9 所示。

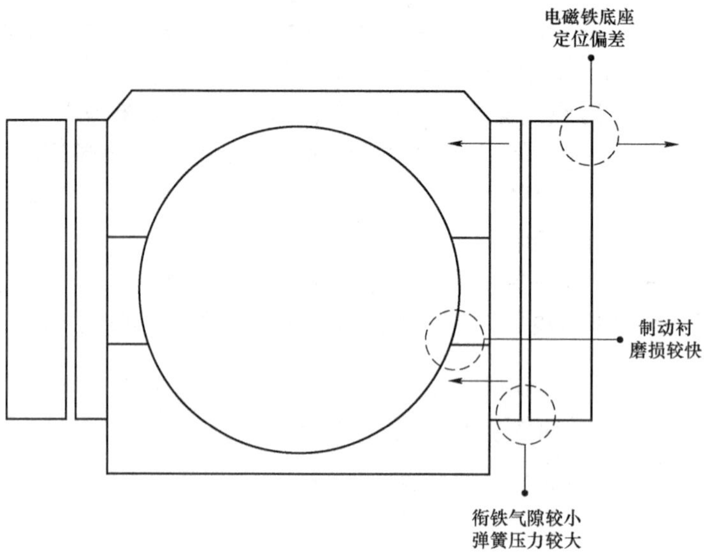


图 2-8　衔铁气隙过小

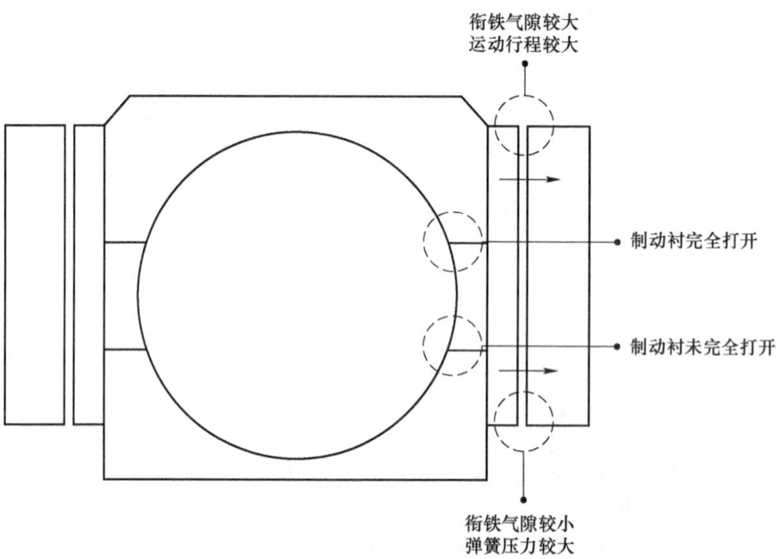


图 2-9　制动器气隙调整偏小

综上原因，制动器打开间隙（制动器气隙）应当以不小于 0.1 mm 为宜（约为常规 A4 纸的厚度）。

（3）失效模式三：制动器间隙调整不当，或制动衬磨损引起打开时与制动鼓间隙过大（见图 2-10），制动器关闭过程中制动衬动作行程过长，撞击制动鼓引起较大响声。

解决措施同失效模式一。

与衔铁内置制动臂鼓式制动器相同。

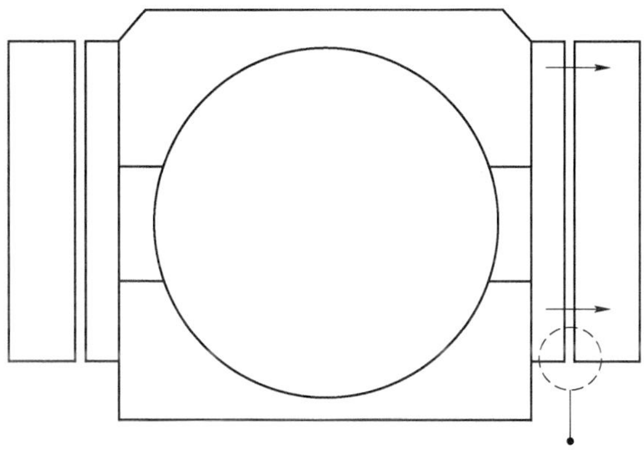


图 2-10 衔铁气隙过大

5）制动衬的检查

检查项目一

将电梯切断主电源后向上电动溜车，直至对重完全压实在其缓冲器上。对于电磁直推鼓式制动器，应将单侧制动器总成的固定螺栓拆除，从曳引机上取下制动器总成，检查制动鼓及制动衬表面状态。

检查项目二

在单侧制动臂拆解的状态下，检查制动鼓表面状态，要求制动鼓表面光洁，无油污或油膜附着，并对制动衬表面进行清洁。

检查项目三

在单侧制动臂拆解的状态下，检查制动衬表面状态，要求制动衬表面清洁、无油污，且外观无龟裂、不脱层，没有高温烧结现象；同时观察制动衬实际接触发生摩擦的区域，该区域面积应不小于制动衬总面积的 70%，且应均匀分布，不应集中分布于制动衬某一端，以确保制动衬与制动鼓之间能够维持稳定的摩擦力。

检查项目四

在单侧制动臂拆解的状态下，测量制动衬的磨损量，其磨损量不应超过制造单位设计要求，否则应当进行更换。如制造单位没有特别说明，原则上制动衬的磨损量不应超过其原有厚度的 50%，如制动衬固定采用铆钉或螺栓连接的，则铆钉与螺栓不应与制动鼓相擦碰。

（1）失效模式一：制动衬与制动鼓表面附着油污或出现龟裂、脱层，引起摩擦系数急剧下降，导致制动能力不足。

当制动鼓表面附着油污时，应用有机溶剂进行清洗。当制动衬表面附着油污或出现龟裂、脱层的，应立即更换制动衬。

绝大多数的制动面油污是由于在维修保养过程中，对制动器不当润滑造成的。例如，当对销轴润滑过度时，会有多余油脂堆积在销轴端部，或出现机械油滴落，应严格防止制动器销轴润滑后的多余油脂或机械油滴落至制动鼓上，使制动鼓与制动衬失去摩擦力。

此外，当有齿轮曳引机减速箱密封损坏、更换齿轮油时操作不当、对悬挂钢丝绳进行再润滑时操作不当等情况，也有可能造成制动鼓和制动衬污染。

（2）失效模式二：制动衬表面不平整，与制动鼓摩擦接触面过小，引起制动衬仅局部受力摩擦，使得制动衬表面状态出现烧结，表面摩擦系数下降，导致制动能力不足。

解决方法是用砂纸对制动衬表面进行打磨，增加接触面积。如打磨无效，则应更换制动衬。如制动衬表面出现烧结，则应用砂纸对烧结部位进行打磨，清除烧结组织，如打磨无效，则应更换制动衬。

制动衬表面不平整，或制动衬与制动鼓贴合角度不佳，使得制动衬与制动鼓摩擦接触总面积较小，会引起摩擦产生的热量长时间地集中在较小的面积上，随着制动面工作温度升高，摩擦系数进一步增加，直至导致制动衬表面局部过热。

当局部摩擦的温升达到一定程度，制动衬表面的粉末颗粒在加热后获得足够的能量进行迁移，使粉末体产生颗粒黏结，产生强度并导致致密化和再结晶，出现表面烧结，破坏制动衬表面材质特性，使得表面摩擦系数大幅度下降，导致制动能力丧失。

（3）失效模式三：制动瓦块角度不良，仅制动衬端部与制动鼓摩擦，摩擦力中心发生偏移，力臂长度变化后引起正压力变化，则摩擦力变化，导致制动力不稳定。

解决方法是对制动瓦角度进行调整，使制动衬与制动鼓接触面积超过 70%。如制动衬端部磨损面积过大，导致制动衬最大可接触面积小于 70%，则应更换制动衬。如制动衬表面出现烧结，则应用砂纸对烧结部位进行打磨，清除烧结组织，如打磨无效，则应更换制动衬。

如果制动衬与制动鼓贴合角度不佳，使得制动衬摩擦面积较小且集中在制动衬的某一端，不但会引起制动衬表面烧结，还有可能引起制动摩擦力中心向制动衬磨损一侧发生漂移。

如果制动力中心向制动臂远端漂移，引起制动衬正压力力臂变长，会导致正压力降低，使得制动衬能够产生的最大静摩擦力下降，导致制动能力下降。

6）制动器状态的监测装置

将电梯切断主电源后向上电动溜车，直至对重完全压实在其缓冲器上。

在检查过程中，用手动松闸装置反复开闭制动器，观察检测开关动作是否准确、灵活，并根据动作误差适当进行调整。当发现检测开关动作不灵活时，对开关进行更换。

分别在电气开关短接和断路的状态下正常运行电梯，此时电梯应不能启动。

应在完成制动器所有其他项目的检查并调整正常后，最后对制动器打开检测开关进行检查维护。

（1）失效模式一：制动器动作状态检测开关位置不良或损坏，导致检测开关未检测到制动器打开，引起电梯启动失败。

（2）失效模式二：制动器动作状态检测开关位置不良或损坏，制动器关闭后检测开关始终处于打开状态，导致下次运行启动时无法正常检测制动器是否打开，制动器未有效关闭。

（3）失效模式三：制动器动作状态检测功能被人为取消，控制系统制动器动作状态异常作为危险故障自理。

解决方法是对制动器动作状态检测开关动作位置不准确的重新进行定位调整；对制动器动作状态检测功能不起效的应立即对相关参数进行修改设置。

《电梯制造与安装安全规范 第 1 部分：乘客电梯和载货电梯》（GB/T 7588.1—2020）规定：

5.9 驱动主机和相关设备

5.9.1 总则

5.9.1.1 每部电梯应至少具有一台专用的驱动主机。

5.9.1.2 对可接近的旋转部件应采取有效的防护，尤其是下列部件：

a）传动轴上的键和螺钉（螺栓）；

b）带（如钢带、皮带等）、链条；

c）齿轮、链轮和滑轮；

d）电动机的轴伸。

但盘车手轮、制动轮、任何类似的光滑圆形部件和具有 5.5.7 所述防护装置的曳引轮除外，这些部件应至少部分地涂成黄色。

5.9.2 曳引式和强制式电梯的驱动主机

5.9.2.1 总则

5.9.2.1.1 允许使用下列两种驱动方式：

a）曳引式，即：使用曳引轮和曳引绳。

b）强制式，即：

1）使用卷筒和钢丝绳；或

2）使用链轮和链条。

强制式电梯的额定速度不应大于 0.63 m/s，不能使用对重，但可使用平衡重。

在计算传动部件时，应考虑到对重或轿厢压在其缓冲器上的可能性。

5.9.2.1.2 可使用带将单台（或多台）电动机连接到机电式制动器（见 5.9.2.2.1.2）所作用的零件上，此时带不应少于两条。

5.9.2.2 制动系统

5.9.2.2.1 总则

5.9.2.2.1.1 电梯应设置制动系统，在出现下列情况时能自动动作：

a）动力电源失电；

b）控制电路电源失电。

5.9.2.2.1.2 制动系统应具有机电式制动器（摩擦型）。另外，还可增设其他制动装置（如电气制动）。

5.9.2.2.2 机电式制动器

5.9.2.2.2.1 当轿厢载有 125%额定载重量并以额定速度向下运行时，仅用制动器应能使驱动主机停止运转。在上述情况下，轿厢的平均减速度不应大于安全钳动作或轿厢撞击缓冲器所产生的减速度。

所有参与向制动面施加制动力的制动器机械部件应至少分两组设置。如果由于部件失效其中一组不起作用，应仍有足够的制动力使载有额定载重量以额定速度下行的轿厢和空载以额定速度上行的轿厢减速、停止并保持停止状态。

电磁铁的动铁芯被认为是机械部件，而电磁线圈则不是。

应监测制动器的正确提起（或释放）或验证其制动力。如果检测到失效，应防止电梯的下一次正常启动。

5.9.2.2.2.2　被制动的部件应以可靠的机械方式与曳引轮或卷筒、链轮直接刚性连接。

5.9.2.2.2.3　除 5.9.2.2.2.7 允许的情况外，制动器应在持续通电下保持松开状态。

应符合下列规定：

a）电气安全装置按 5.11.2.4 的规定切断制动器电流时，应通过以下方式之一：

1）满足 5.10.3.1 要求的两个独立的机电装置，不论这些装置与用来切断电梯驱动主机电流的装置是否为一体；

当电梯停止时，如果其中一个机电装置没有断开制动回路，应防止电梯再运行。即使该监测功能发生固定故障，也应具有同样结果。

2）满足 5.11.2.3 要求的电路。

此装置是安全部件，应按 GB/T 7588.2—2020 中 5.6 的要求进行验证。

b）当电梯的电动机有可能起发电机作用时，应防止该电动机向操纵制动器的电气装置直接馈电。

c）断开制动器的释放电路后，制动器应无附加延迟地有效制动。

注：用于减少电火花的无源电子元件（例如：二极管、电容器、可变电阻）不认为是延迟装置。

d）机电式制动器的过载和（或）过流保护装置（如果有）动作时，应同时切断驱动主机供电；

e）在电动机通电之前，制动器不能通电。

5.9.2.2.2.4　制动靴或制动衬块的压力应由带导向的压缩弹簧或重砣施加。

5.9.2.2.2.5　禁止使用带式制动器。

5.9.2.2.2.6　制动衬块应是不燃的。在制动器附近，应有制动衬块磨损后更换的警示信息（如检查方法、更换条件等）。

5.9.2.2.2.7　应能采用持续手动操作的方法打开驱动主机制动器。该操作可通过机械（如杠杆）或由自动充电的紧急电源供电的电气装置进行。

考虑连接到该电源的其他设备和响应紧急情况所需的时间，应有足够容量将轿厢移动到层站。

手动释放制动器失效不应导致制动功能的失效。

应能从井道外独立地测试每个制动组。

5.9.2.2.2.8 使用信息和相应的警示信息，尤其是减行程缓冲器的信息应设置在手动操作驱动主机制动器的装置上或近旁。

5.9.2.2.2.9 对于手动释放制动器，轿厢载有以下载荷时：

——小于或等于（$q$ −0.1）$Q$；或

——大于或等于（$q$ +0.1）$Q$ 且小于或等于 $Q$。

其中：

$q$——平衡系数，表示由对重平衡额定载重量的量；

$Q$——额定载重量。

应能采用下列方式将轿厢移动到附近层站：

a）重力导致自行移动。或

b）手动操作，包括：

1）放置在现场的机械装置；或

2）放在现场的独立于主电源供电的电动装置。

2. 电梯轿厢系统

1）轿厢平层精度

轿厢平层精度应分为平层准确度和平层保持精度两方面，在进行检查过程时：

可依据制造单位对轿厢平层精度的检查方法和要求进行，如设计单位无特殊说明要求，则可依据《电梯试验方法》（GB/T 10059—2009）和《电梯技术条件》（GB/T 10058—2009）相关要求执行。

根据《电梯技术条件》（GB/T 10058—2009）中 3.3.7 要求，轿厢平层精度所指电梯轿厢的平层准确度宜在±10 mm 范围内，平层保持精度宜在 20 mm 范围内。

检查项目一

在进行平层准确度检查时，轿厢内分别为轻载和额定载重，单层、多层和全程上下各运行一次。在开门宽度的中部测量层门地坎上表面与轿门地坎上表面间的垂直高度差。

检查项目二

在进行平层保持精度检查时，轿厢在底层平层位置加载至额定载荷并保持 10 min 后，在开门宽度的中部测量层门地坎上表面与轿门地坎上表面间的垂直高度差；或在轿厢内满员状态下，观察层门地坎上表面与轿门地坎上表面间的垂直高度差。

检查测试过程中，如发现有可能存在曳引能力或制动能力不足，引起平层保持精度不良，应重新进行测试，并在测试中对曳引钢丝与曳引轮、制动鼓与制动衬的相对位置进行标识，以帮助确认是何种原因引起平层保持精度不良，在检查确认曳引系统及其制动器性能正常的情况下，应当进一步对电梯的平衡系数进行测试。

（1）平层准确度不良。

① 失效模式一：个别楼层门区插板位置不准确，导致轿厢在这些楼层平层准确度不佳，超出±10 mm 范围。

解决方法是对平层准确度不佳楼层的隔磁板位置进行调整。需要注意的是，对于采用速度闭环控制的控制系统，在重新进行门区插板位置调整后，应对控制系统内井道信息重新进行设定，或重新进行井道自学习，以便控制系统记录正确的门区插板位置脉冲数据，作为控制系统计算每次运行行程和速度曲线的依据。

不论控制系统采用直接停靠还是爬行停靠控制方式，都需要各层站井道内的门区插板作为位置标的。在爬行停靠控制方式下，门区插板直接决定触发停止运行信号时电梯轿厢所处的实际位置；而在直接停靠控制方式下，控制系统需要提前记录各层站门区插板在井道内所处的位置脉冲数据，以便在电梯启动运行前，计算本次运行的速度曲线，并决定各个加减速点。

如果门区插板的实际位置相对于层站存在偏差，则控制系统会按照门区插板所处实际位置控制电梯轿厢进行平层停靠，就会导致平层准确度不佳。

注：在电梯运行中，用测速传感器对电机运行转速进行监测跟踪，并依据测速传感器反馈的电机实际转速，对电梯运行速度进行实时调控的控制方式，称为速度闭环控制。

② 失效模式二：控制系统内平层延迟参数设置不良，导致轿厢在所有楼层均出现上行平层准确度不佳或下行平层准确度不佳，且各楼层平层状态均为超出（或不足）。

解决方法是对控制系统内的平层控制参数重新进行调试。

**【知识解析】**控制系统在平层停靠时，往往会在接收到门区信号后，延迟等待一定的时间或位置脉冲数，再给出停止运行指令。

不论电梯采用直接停靠还是爬行停靠控制方式进行平层停靠，当门区传感器进入门区插板时，会立即向控制系统输出门区信号，如果控制系统在此时立即给出停止运行指令，由于电梯轿厢的位置实际上还没有到达平层位置，会引起平层准确度不佳；另外，当控制系统给出停止运行信号时，由于机械系统的响应需要一定时间，如制动器、主接触器等，导致电梯轿厢并不会在此时立即停止运动，也会使实际平层位置变得不可确定。

平层延迟参数可以是延迟时间（对于爬行停靠方式），也可以是延迟位置脉冲数（对于直接停靠方式），在现场调试过程中需要对平层延迟参数进行调校，使控制系统停止运行指令给出的时机与电梯机械系统特性相互匹配，得到最佳的平层准确度。

如果平层延迟参数设置不佳，就有可能导致轿厢在所有楼层均出现上行平层准确度不佳或下行平层准确度不佳的情况，而且各楼层平层准确度不佳的状态均一致表现为超出或不足。

（2）平层保持精度不良。

① 失效模式一：提升高度较大的电梯，由于没有配置再平层功能或再平层功能失效，导致平层保持精度不良。

解决方法是根据制造单位设计文件，检查电气功能失效的原因，更换相关损坏的元器件（如再平层感应器等）或对控制系统内的平层控制参数重新进行调试。

② 失效模式二：电梯的曳引能力或制动能力不足，引起电梯平层保持精度不佳，超出±20 mm 范围。

曳引钢丝绳与引轮存在相对位置出现滑移的，应对钢丝绳和绳槽的磨损状态进行检查，出现钢丝绳直径磨损超标或曳引轮绳槽过度磨损的，应将二者同时更换；同时也应对钢丝绳和绳槽的表面状态进行检查，如过度油腻则应当进行清洁。

制动鼓与制动衬相对位置出现滑移的，应对制动器的工作状态，如制动弹簧压缩行程等，进行检查和调整；同时也应对制动衬和制动鼓的表面状态进行检查，如被油脂污染，则应更换制动衬并对制动鼓进行清洁。

对于平层保持精度的检查，需要尤为注意的是，由于电梯的曳引能力或制动能力不足，导致轿厢在满载状态下不能停止在平层位置。这种情况下，极易在电梯实际使用过程中导致电梯在开门状态下产生轿厢向外移动，致使乘客伤亡。

对于曳引钢丝绳、曳引轮、制动器或平衡系数存在问题的，应及时予以调整或更换，具体检查维护要求，详见各相关章节。

《电梯制造与安装安全规范　第 1 部分：乘客电梯和载货电梯》（GB/T 7588.1—2020）规定：

> 3.25　平层保持精度 levelling accuracy
>
> 电梯装卸载期间，轿厢地坎与层门地坎之间铅垂距离。
>
> 3.58　平层准确度 stopping accuracy
>
> 按照控制系统指令轿厢到达目的层站停靠，门完全打开后，轿厢地坎与层门地坎之间的铅垂距离。
>
> …………
>
> 5.4.2.2.1　b）4）如果由于装卸载时的冲击，轿厢超出了平层保持精度，则应采用机械装置限制轿厢的向下移动，并应符合下列要求：
>
> i）平层保持精度不超过 ± 20 mm；
>
> ii）该机械装置在门开启前起作用；
>
> iii）该机械装置具有足够的强度保持轿厢停止，即使驱动主机制动器未动作或液压电梯的下行阀开启；
>
> iv）如果该机械装置不在工作位置，通过符合 5.11.2 规定的电气安全装置防止再平层运行；
>
> v）如果该机械装置不在完全收回位置，通过符合 5.11.2 规定的电气安全装置防止电梯正常运行。
>
> …………
>
> 5.12.1.1.4　轿厢的平层准确度应为 ± 10 mm。如果平层保持精度超过 ± 20 mm（例如在装卸载期间），则应校正至 ± 10 mm。

2）随行电缆

在轿顶检修运行电梯时，应由上至下逐步对随行电缆的表面状态进行检查。随行电缆是连接于运行的轿厢与固定点之间的电缆，起联系轿厢与层站、机房之间控制信号联络之用。一般随行电缆的一端绑扎固定在井道中部的电缆架上。电缆安装方式应根据井道内轿厢对重、导轨等设备位置的布置而定。为了安装方便，现在大多数随行电缆已从机房直接连接，不再用中间接线箱。

在井道内工作期间，应当注意观察随行电缆的使用状况并进行检查，随行电缆状态应当符合下述要求。

（1）随行电缆（简称随缆）表面不应存在破损、裂痕，内部线缆和钢丝绳不应外露。

（2）电缆端部、中间部位应可靠固定在电缆支架上，对于提升高度较大的井道，随行电缆自重较重，应使用配有内置钢丝绳的扁电缆，以及在井道顶部使用具有钢丝绳绕挂装置的电缆固定支架。在悬挂电缆时将电缆内的两根钢丝绳抽出后，吊挂在井道顶部相应的电缆线固定支架上，使电缆线的自重由其内部的钢丝绳承担，防止电缆线自重拉断电缆。

（3）随行电缆不应有打结和波浪扭曲现象，多根电缆安装后长度应一致，且多根随缆不宜绑扎成排，以防因电缆伸缩量不同导致电缆受力不均，引起部分电缆线弯曲凸出，勾挂其他井道设备。

（4）随行电缆在运动中有可能与井道内其他部件勾挂，必须采取防护措施。当随缆距导轨支架过近时，为了防止随缆损坏，可自底坑沿导轨支架焊圆钢至高于井道中部 1.5 m 处，或设保护网。

（5）扁平型随行电缆可重叠安装，重叠根数不宜超过 3 根，每 2 根之间应保持 30～50 mm 的活动间距。扁平型电缆的固定应使用楔形插座或专用卡子。

（6）随行电缆两端及不运动部分应可靠固定。电缆入接线盒应留出适当余量，压接牢固、整齐。

（7）随行电缆挂架的状态：当井道全高小于 50 m 时，为两个随行电缆挂架，位置分别在井道顶部电缆孔以下 0.2 m 处和井道全高的 1/2 以上加高 1 m 处；当井道全高大于及等于 50 m 时，为 3 个挂架，即在两个随缆挂架中间位置再加装一个挂架。

随行电缆挂架的安装位置，应使电梯随行电缆避免与限速器钢丝绳、限位开关、换速开关、感应器和对重装置等接触或交叉，以保证随行电缆在运动中不得与电线槽、线管、导轨支架等发生碰触及卡阻。

轿底电缆挂架的安装方向应与井道随行电缆挂架一致，并使电梯电缆位于井道底部时，能避开缓冲器且保持不小于 200 mm 的距离。

随行电缆挂架的挂线架应能够旋转。

① 失效模式一：随行电缆因老化出现破损。

解决方法是建议电梯使用单位进行更换。

② 失效模式二：随行电缆因与井道部件勾挂出现破损。

解决方法是建议电梯使用单位进行更换。

当随行电缆与其他井道部件有可能产生勾挂、擦碰时，必须采取防护措施。当随行电缆距导轨支架过近时，为了防止随行电缆损坏，可自底坑沿导轨支架焊圆钢至高于井道中部 1.5 m 处，或设保护网。

《电梯制造与安装安全规范　第 1 部分：乘客电梯和载货电梯》（GB/T 7588.1—2020）规定：

> 3.60　随行电缆 travelling cable
>
> 轿厢与固定点之间的挠性多芯电缆。

3. 电梯门系统

1）层门门锁自动复位

检查项目一

在层门关闭的情况下，手动打开层门机械锁钩然后释放，观察锁钩落锁是否灵活，落锁是否到位。层门门锁在长期使用过程中，由于撞击变形、锈蚀，会导致自身机构运行不畅存在卡阻，此时应对层门门锁进行更换。

检查项目二

在层门关闭的情况下，手动开启层门的紧急开锁装置，然后释放，观察紧急开锁装置和门锁锁钩能否灵活动作，落锁是否到位。由于层门紧急开锁装置与层门门锁之间存在机械传动，一旦紧急开锁装置由于变形、锈蚀等原因出现卡阻、不能自动复位的情况，在动作紧急开锁装置打开层门门锁后，同样会引起门锁无法自动复位。

（1）层门门锁状态不良。

① 失效模式一：主动锁钩与固定锁钩的锁紧间隙过小，导致主动锁钩无法完成锁紧。

解决方法是对主被动锁钩的锁紧间隙进行调整，原则上该间隙应保持在 2～3 mm，具体要求详见制造厂家设计要求。

门锁在锁紧过程中，主动锁钩与固定锁钩逐步啮合，二者之间应当存在一定的运行间隙，以便主动锁钩能够顺利与固定锁钩啮合。如果主动锁钩与固定锁钩的锁紧间隙偏小，就会引起二者在啮合过程中发生擦碰、卡阻，更严重的甚至引起主动锁钩的运动轨迹与固定锁钩干涉，造成主动锁钩无法卡入固定锁钩内完成啮合锁紧。层门锁钩啮合长度如图 2-11 所示。

**图 2-11　层门锁钩啮合长度**

② 失效模式二：层门门锁铰接部件（轴承）锈蚀、磨损，导致主动锁钩无法运动。

当门锁出现较为严重的锈蚀时，应在其轴承出现卡阻前予以更换。

若层门设备长期在粉尘较大、湿度较高的井道中工作，其门锁、滚轮、联动钢丝绳等会遭受不同程度的腐蚀。尤其是在出现过进水的楼层，位于其下方层站的层门设备由于直接遭遇水淋，较容易出现锈蚀；对于长期存在底坑积水的电梯，由于长期在高温度环境中工作（尤其是夏季），其底层的层门设备较其他楼层会更早发生锈蚀，甚至卡阻。

一旦层门门锁的转动轴承在粉尘和水分的作用下发生锈蚀、卡阻，会直接导致层门门锁在开启后无法自动锁紧，部分长期停止使用的层门甚至出现由于门锁锈蚀而无法开启的情况。无论是门锁无法开启，或是无法锁闭，都会导致电梯出现故障甚至发生事故，因此，当门锁出现较为严重的锈蚀时，应在其轴承出现卡阻前予以更换。

（2）层门紧急开锁装置状态不良。

① 失效模式一：层门紧急开锁装置锈蚀、磨损，或与其他部件干涉、擦碰，引起运动卡阻无法复位。

解决方法是更换严重锈蚀或磨损、运动卡阻的紧急开锁装置。对于发生擦碰的开锁机构，调整干涉部件的位置，使其不与其他开锁机构干涉。

如前所述，长期在粉尘较大、湿度较高的井道中工作，紧急开锁装置的锁芯、顶杆等部件也会出现不同程度的锈蚀。尤其需要注意的是，顶杆式紧急开锁装置由于开锁力臂较小、顶杆在导向装置中的运动阻力较大，用三角钥匙在层门外开启时，本身就需要较大的力量（特别是相对于摆杆式开锁装置），此时如开锁装置的顶杆、锁芯等在水分的作用下发生锈蚀、卡阻，会由于开锁装置阻力过大，直接导致无法开启门锁，或者门锁在开启后受到开锁装置的阻碍，无法自动锁紧，导致电梯出现故障甚至发生事故。因此，对于严重锈蚀或磨损、运动卡阻的紧急开锁装置，应立即予以更换。层门紧急开锁装置的位置如图 2-12～图 2-14 所示。

**图 2-12　层门紧急开锁装置的位置 1**

**图 2-13　层门紧急开锁装置的位置 2**

图 2-14　层门紧急开锁装置的位置 3

② 失效模式二：层门紧急开锁装置松动、变形，引起机械传动失效，无法开启门锁。

解决方法是检查并紧固层门紧急开锁装置各固定螺丝和螺母，保持机械运动灵活性。

不论何种形式的紧急开锁装置，都是依靠一定的机械传动使门锁的主动锁钩做开启运动，一旦开锁装置的传动机构（如摆杆、顶杆、碰铁、锁芯）发生松动，就会使锁芯与碰铁、碰铁与摆杆（或顶杆）、顶杆与锁钩之间失去机构配合，导致机械传动失效、门锁无法开启。

③ 失效模式三：水平碰铁开锁机构被异物卡阻，导致碰铁无法自动复位。

解决方法是清理水平磁铁周边的石子等异物。

水平磁铁的开锁机构，由于其锁芯和碰铁安装在层门门楣内，在井道环境较差的情况下，如大楼处于装修期内时，石子等异物容易堆积在门楣内部。一旦这些异物堆积到锁芯和碰铁周围，就十分容易卡住碰铁使其无法转动。如一旦卡入石子等异物，就有可能引起碰铁无法自动复位，甚至导致门锁不能自动锁紧。

2）层门门锁啮合长度

开启门锁主动锁钩后，缓慢手动锁紧，当门锁电气安全触点刚好接触时，观察主动锁钩与固定锁钩之间重叠咬合的距离。

在门锁完全锁紧的状态下，观察主动锁钩与固定锁钩的啮合位置是否居中。

对于锁钩上应该有调整标志线的，在门锁完全锁紧时，观察主动锁钩与固定锁钩是否在标志线处对齐。

（1）锁紧元件啮合长度不足。

失效模式：门锁电气安全触点的接触位置过高，接触行程过大，引起锁钩的啮合长度不足。

解决方法是调整门锁电气安全触点的接触位置（适当缩小触点的接触行程），或调整固定锁钩的高度，使啮合长度增加。

对门锁的锁紧过程进行分析可见，调整门锁电气安全触点的接触位置和固定锁钩的高度，会直接改变锁紧元件的啮合长度 $D$，在图 2–15 所示的情况下，在触点接触的高度变高或固定锁钩的高度降低后，啮合长度 $D'$ 均不同程度地有所减小。层门锁钩啮合位置如图 2–16 所示。

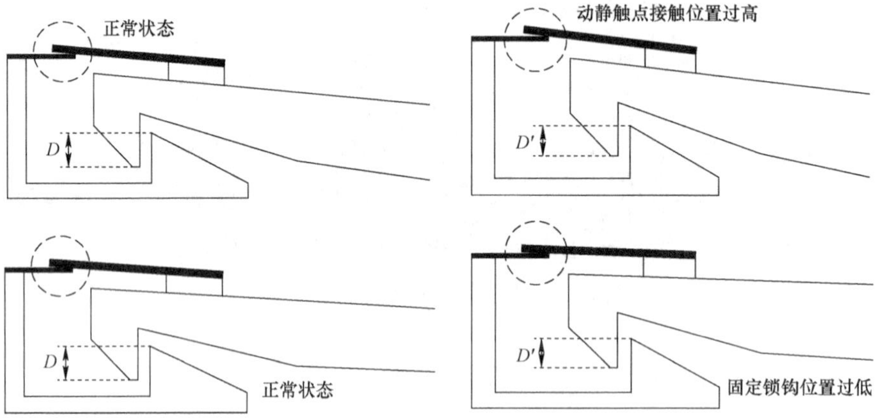


图 2–15　锁紧元件啮合长度

图 2–16　层门锁钩啮合位置

（2）锁紧元件啮合位置不佳。

① 失效模式一：主动锁钩与固定锁钩的啮合位置不居中，受到外力作用使主动锁钩容易从被动锁钩侧面滑脱，导致层门意外开启。

解决方法是调整固定锁钩位置，使主动锁钩在其居中位置啮合。如需要调整主动锁钩的位置（在门锁与门扇挂板间增加或减少垫片）的，则应在完成调整后，重新测量并校正轿门地坎与门锁滚轮之间的间隙。

检查维护中除了对锁紧元件的啮合长度进行检查，还应注意对锁紧元件啮合时的居中程度进行确认。如果锁紧元件本身存在变形或装配不当，有可能造成锁紧元件的主动锁钩与被动锁钩的啮合位置处于二者的边缘，当存在外力撞击或压紧门扇时，主动锁钩与被动锁钩相对位置有可能发生偏移，此时虽然二者的啮合长度满足要求，但主动锁钩仍然存在从被动锁钩边缘滑脱的可能，应当在维护保养中予以注意，避免发生事故。

② 失效模式二：当门锁完全锁紧时，主动锁钩与固定锁钩未在标志线处对齐。

解决方法是调整固定锁钩位置，当门锁完全锁紧时，使主动锁钩与固定锁钩在标志线处对齐。

根据图 2–17 所示层门锁钩锁紧状态示意图进行分析。

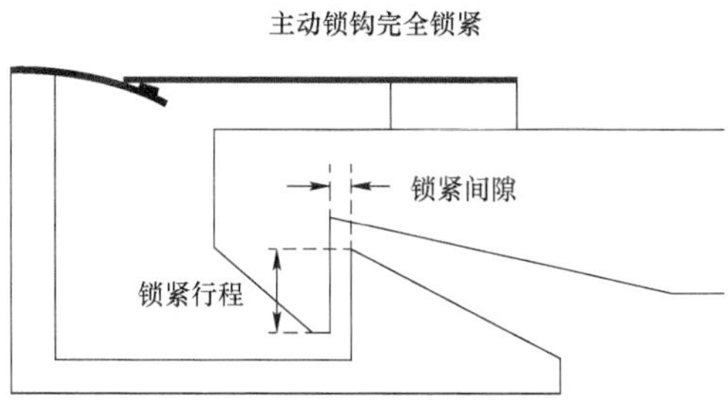


**图 2–17　层门锁钩锁紧状态示意图**

- 当锁紧间隙过小时，会引起锁钩无法锁紧或无法开启；
- 当锁紧间隙过大时，会引起中分式水平滑动门的两门扇之间的间隙过大；
- 当锁紧行程过小时，有可能引起锁紧元件啮合长度不足，或者电气安全触点接触行程过小；
- 当锁紧行程过大时，有可能电气安全触点接触行程过大。

锁紧元件在锁紧时的相对位置，会对门扇的间隙、锁钩的锁紧及电气安全触点的接触行程产生影响，在极端情况下甚至有可能降低啮合长度。因此，许多信号的门锁会在主动锁钩或被动锁钩上刻有标示线，作为便捷方法，标示出门锁锁紧时主动锁钩与被动锁钩应处于的相对位置，以便作业人员进行检查维护。图 2–18 为层门锁钩锁紧状态实物图。

**图 2–18　层门锁钩锁紧状态实物图**

3）层门悬挂装置

手动开关层门，观察各导向轮转动是否灵活，导向轮不应存在严重锈蚀或磨损。

检查门限位轮与滑轨之间是否存在运行间隙，该间隙应不大于 0.5 mm；用手拨动限位轮，检查门限位轮转动是否灵活，限位轮在手指拨动下应能够无阻力地立即转动，但是在转动半圈至一圈内，限位轮应当立即在门导轨摩擦力作用下停止转动。

（1）失效模式一：门导向轮或限位轮（偏心轮）锈蚀，导致层门开关运行阻力过大或伴有噪声。

解决方法是更换锈蚀的门扇滚轮或限位轮。

当电梯的使用环境过于潮湿或者井道内有过进水情况，则在一段时间的使用后，门挂板上的门导向轮或限位轮往往会产生锈蚀，使得门导向轮或限位轮旋转不灵活，阻力较大，严重的甚至导致门导向轮或限位轮锈死不能旋转，厅门开关时阻力异常增大，往往会导致电梯无法关门、关门不落锁、到站不开门等故障，同时在运行中伴随异响，此时应当对锈蚀的门导向轮或限位轮进行更换。

（2）失效模式二：门限位轮（偏心轮）调整不良，导致层门开关运行阻力过大或伴有噪声。

解决方法是对门扇限位轮与上坎导轨之间的间隙进行调整，通常情况下该间隙应不大于 0.5 mm。

门扇限位轮与门导轨间隙过小的情况下，会导致门滚轮的运动阻力增加，造成开关门不顺畅。另外，门扇限位轮间隙又不宜过大，间隙过大的情况下，开关门过程中一旦门底部（门扇导靴等部件）遇到阻力，会导致门扇倾斜，在门导向轮和限位轮上的阻力增加。此时施加在层门上的开关门力越大，门扇的倾斜越严重，在门导向轮和偏心轮上的阻力就越大，产生自锁效应，导致开关门卡阻。

此外，门限位轮运行间隙不宜过大，当间隙偏大时，容易引起层轿门关闭时在其门扇的底部夹住异物，但此时层轿门的电气安全触点均已接通，导致电梯夹住物体运行，最终对层轿门系统造成破坏。

限位轮调整时应保持与门导轨之间合适的间隙（通常情况下不大于 0.5 mm），调整正常的限位轮，在用手拨动时，应能够无阻力地立即转动，但是转动半圈至一圈内，偏心轮应当立即在门导轨摩擦力作用下停止转动。

4）层门门导靴

检查项目一

对层门门导靴的外形进行检查，门导靴不应存在明显的变形和磨损。

检查项目二

检查各门扇的导靴，层门门导靴的靴衬上端应当与层门地坎的水平面齐平。

检查导靴的装配固定状态，层门门导靴数量应齐全，各固定螺母或螺栓应当紧固，且不应存在缺失。

对于一体式的层门门导靴的靴衬，其装配应当完全就位，不应存在部分靴衬脱离安装的情况。

（1）层门门导靴使用状态不良。

① 失效模式一：层门门导靴变形弯曲，引起开关门运行卡阻。

当层门门导靴严重变形，引起门扇运行阻力变大时，应当更换。

在进行层门门导靴的检查时，尤其需要注意检查导靴是否存在变形弯曲的情况。当导靴出现变形时，同一门扇上的两块导靴的连线不再与门扇保持平等，其结果就是当导靴在滑槽中运行时，门扇会被迫发生扭曲，导靴也会因此受到门扇扭转的反力，使得靴衬与滑槽的阻力增加，甚至引起开关门卡阻。

保养中如果发现导靴出现变形，则应当通知使用单位对其进行更换。

② 失效模式二：层门门导靴金属支架出现严重锈蚀，引起导靴机械强度下降。

当层门门导靴严重锈蚀时应进行更换。

当层门门导靴长期在井道内工作时，由于井道内空气湿度较大，尤其在出现进水的层站和底坑长期积水的最底层层站，导靴的金属支架容易出现锈蚀。长期运送水分较多或含有腐蚀性物质货物的电梯，其层门门导靴更加容易受到腐蚀。一旦门导靴的金属支架出现大面积严重腐蚀，其金属支架的机械强度就会大幅度降低，致使层门在受到冲击时，容易脱离地坎滑槽失去下端导向，引起人员坠入井道的危险。

③ 失效模式三：层门门导靴的靴衬磨损，引起开关门运行卡阻，且门扇导向的机械强度下降。

当层门门导靴的靴衬在滑槽中的晃动间隙超过 3 mm 的时候更换滑块。

日常保养中还会经常遇到的问题就是滑块磨损。由于滑块一直在滑槽中来回运行，期间的滑动摩擦会导致靴衬不断磨损。当滑块磨损以后，层门门扇的晃动间隙就会增加，容易导致门扇门缝间隙超标，在开门时引起夹手的危险。

另外，当靴衬由于磨损而变薄时，导靴在滑槽内的自由度增加，当门扇受到外力撞击发生较大变形时（软摆锤撞击试验中，门扇受到冲击瞬间，其瞬间最大弹性变形可以达到 10 cm 甚至以上），容易导致导靴从滑槽中脱出，使门扇失去下导向，引起人员坠入井道的危险。

假设门扇受到同样能力的冲击时，门扇的变形程度一致，也即门扇中心线与水平线之间的夹角 $\beta$ 大小不变。如果靴衬厚度由于磨损而变薄，会使得导靴在受到冲击时的倾角变大，导致导靴中心线与门扇中心线的夹角 $\alpha$ 变小，也就意味着导靴金属支架外的弹性变形变小，因此，靴衬在地坎滑槽受到的挤压（正压力）也将降低，最终引起冲击瞬间靴衬在地坎滑槽内受到的摩擦力下降，使得靴衬更为容易在冲击下被变形的门扇抽离滑槽。

当滑块在滑槽中的晃动间隙超过 3 mm 的时候应更换滑块，当滑块的晃动导致门缝超标，无法调整到要求范围内的时候（GB/T 7588.1—2020 中 5.3.1.4 条对磨损情况下的门缝要求不大于 10 mm），必须立即更换滑块。

（2）层门门导靴装配不良。

① 失效模式一：可调节式层门门导靴的安装高度过高，导致门扇强度不足，在外力撞击下引起脱出滑槽。

对可调节式层门门导靴的安装高度进行调整，在门扇底部与地坎间隙 2～6 mm

的前提下（不发生刮擦且不超标），将层门门导靴的靴衬上沿调整至与层门地坎的水平面齐平。

检查各块门扇的门导靴，层门门导靴的靴衬上沿应当与层门地坎滑槽的上沿相齐平。门导靴的高度如果高于层门地坎滑槽，靴衬与滑槽的啮合深度不足，在层门遇到较强的外力冲击时，容易使滑块抽离滑槽。但是层门门导靴的高度也不宜过低，如果导靴与层门地坎滑槽的啮合深度过大，也就意味着靴衬底部与滑槽底部的间隙变小，当滑槽内出现石子等异物的时候，靴衬容易被异物卡阻，增加层门运行的故障率。

如果在保养中发现滑块高度调整不良，应当立即对滑块进行调整。需要注意的是，在对滑块进行高度调整之前，首先需要确认门扇与地坎间隙符合标准要求，门扇高度的改变会直接改变滑块与地坎滑槽的啮合深度。

② 失效模式二：可调节式层门门导靴的安装高度过低，导致门导靴与滑槽底部运行间隙过小，容易由于异物卡阻导致电梯无法开关门。

解决措施与模式一相同。

层门门导靴的安装高度不宜过低，如果门导靴与层门地坎滑槽的啮合深度过大，也就意味着靴衬底部的间隙变小，当滑槽内出现石子等异物时，靴衬容易被异物卡阻，增加层门运行的故障率。

③ 失效模式三：一体式层门门导靴的靴衬部分脱离安装孔，容易在运行中产生松脱。

解决方法是将靴衬重新安装就位。

一体式层门门导靴的靴衬在安装时，多为直接将软质的靴衬嵌入安装孔内，如果在安装时未能将靴衬完全嵌入安装孔内，就会引起靴衬在层门运行中出现异常的卡阻、磨损，甚至有可能引起靴衬脱离安装孔。

④ 失效模式四：层门门导靴固定螺栓松动，或部分层门门导靴缺失，引起门扇导向的机械强度下降。

解决方法是重新安装、补齐层门门导靴，并将固定螺栓拧紧。

层门门导靴的装配螺栓如果出现缺失，或未完全紧固，就会直接引起门导靴的机械强度下降，当层门受到较大外力冲击时，门导靴出现脱落、变形，容易脱离地坎滑槽，失去下端导向，引起人员坠入井道的危险。

层门门导靴作为层门机构上的常用损耗件，经常会由于运行磨损、撞击变形等原因需要拆除更换，当导靴磨损和变形过于严重的时候，常常会导致层门无法正常开关，在这种情况下，不得由于现场缺少可用滑块，而采用暂时拆除一个导靴使电梯恢复使用的做法。当电梯层门仅装配单个导靴的情况下，缺少导靴的门扇容易发生扭转，其机械性能大大降低，此时如果受到外力冲击，门扇一旦发生变形，仅存的门导靴也会立即被顶出滑槽，引起人员坠入井道的危险。

因此，任何情况下均不允许层门门扇上的门导靴出现缺失，如果由于门导靴变形导致层门无法开关，在新的门导靴到达现场前，须使电梯停止运行。

《电梯制造与安装安全规范　第 1 部分：乘客电梯和载货电梯》（GB/T 7588.1—

2020）规定：

5.3.8　层门锁紧和关闭的检查

5.3.8.1　坠落的防护

在正常运行时，应不能打开层门（或多扇层门中的任意一扇），除非轿厢在该层门的开锁区域内停止或停靠。

开锁区域不应大于层门地坎平面上下 0.20 m。

在采用机械方式驱动轿门和层门联动的情况下，开锁区域可增大到不大于层门地坎平面上下的 0.35 m。

…………

5.3.9.1　层门锁紧装置

5.3.9.1.1　每个层门应设置门锁装置以符合 5.3.8.1 的要求，该装置应具有防止故意滥用的防护。

除了 5.12.1.4 和 5.12.1.8 的情况外，轿厢运行前应将层门有效地锁紧在关闭位置，层门锁紧应由符合 5.11.2 规定的电气安全装置来证实。

5.3.9.1.2　电气安全装置应在锁紧部件啮合不小于 7 mm 时才能动作，见图 12。

单位为毫米

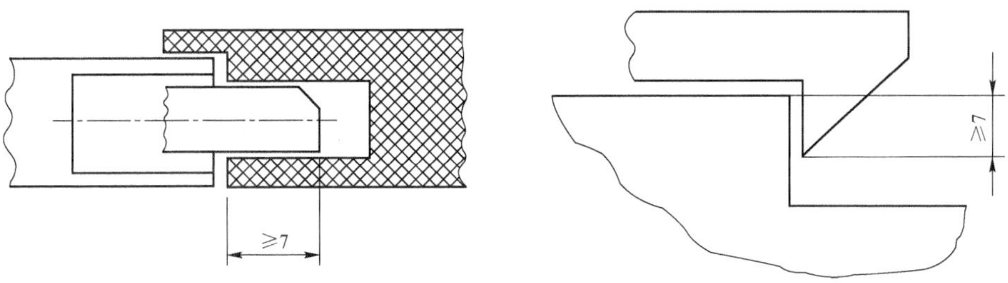


**图 12　锁紧部件示例**

5.3.9.1.3　证实门扇锁紧状态的电气安全装置的元件，应由锁紧部件强制操作而无任何中间机构。

特殊情况：用在潮湿或爆炸性环境中需要做特殊保护的门锁装置，其连接只能是刚性的，机械锁紧部件与电气安全装置的元件之间的连接只能通过故意损坏门锁装置才能被断开。

…………

5.3.9.1.6　锁紧部件的啮合应满足沿着开门方向作用 300 N 力不降低锁紧的性能。

…………

5.3.9.1.8　应由重力、永久磁铁或弹簧来产生和保持锁紧动作。如果采用弹簧，应为带导向的压缩弹簧，并且其结构应满足在开锁时不会被压并圈。

即使永久磁铁（或弹簧）失效，重力也不应导致开锁。

如果锁紧部件是通过永久磁铁的作用保持其锁紧位置，则简单的方法（如加热或冲击）不应使其失效。

5.3.9.1.9　门锁装置应有防护，以避免可能妨碍正常功能的积尘风险。

5.3.9.1.10　工作部件应易于检查，例如采用透明盖板。

5.3.9.1.11　当门锁触点在盒中时，盒盖的紧固件应为不可脱落式。在打开盒盖时，它们应仍留在盒或盖的孔中。

4. 电梯导向与重量平衡系统

1）轿顶靴衬和滚轮

检查项目一

在轿顶上，拆除单侧导靴上油杯后，取出该侧导靴的靴衬，测量靴衬两侧面之间的间隙，对于单向弹性滑动导靴，原则上当该间隙达到或超过导轨导向面宽度 2.5 mm 时，应更换靴衬；对于双向弹性滑动导靴，当该间隙达到或超过导轨导向面宽度 1.5 mm 时，应更换靴衬。

检查靴衬两侧面磨损程度是否一致。

检查项目二

确认靴衬状态正常后，作业人员在轿顶上沿轿厢前后方向晃动轿顶，轿顶应无明显晃动，且导靴内各部件不应由于晃动而撞击或产生声响。

对于单向弹性滑动导靴，应检查靴头导向机构（如轴与轴套）在其侧面方向上是否存在磨损和松动；对于双向弹性滑动导靴，检查工作面弹性元件和浮动行程是否正常。

检查项目三

确认靴衬状态正常后，沿轿厢左右方向晃动轿顶，轿顶能够产生一定的晃动，但晃动阻尼较强、幅度较小，且能有效地被导靴缓冲，导靴内各部件不应由于晃动而撞击或产生声响，检查导向面弹性元件和浮动行程是否正常。

（1）失效模式一：导靴靴衬过度磨损，导致轿厢运行中晃动间隙过大。

解决方法是更换靴衬。

单向弹性滑动导靴由于其靴头不能在导轨工作面产生浮动，为了补偿导轨工作面的直线度偏差及接头处的不平顺，靴衬侧面与导轨工作面应当具有 0.5 mm 以上的间隙，通常该间隙不大于 1 mm，减缓导轨侧工作面方向上的振动与冲击。

当单向弹性滑动导靴的靴衬两侧面与导轨工作面之间的累计间隙超过 2 mm 时，在轿厢偏载力的作用下，靴衬仅与导轨单侧工作面接触，使靴衬与导轨之间的间隙集中在另一侧工作面上。当导靴在导轨上运动时，遇到一定强度的冲击，例如，在经过导轨接头上的台阶时，会使靴衬在导轨两侧工作面之间产生震荡，影响轿厢运行的舒适感。对于采用橡胶作为工作面弹性元件的双向弹性滑动导靴，虽然其靴头具有一定的万向性，能够对工作面方向上的振动与冲击进行缓冲，靴衬侧面与导轨工作面之间的间隙值也设定在 0.25～0.5 mm，但是当靴衬两侧的累计磨损间隙达到 1.5 mm 以上时，同样会在运行中产生明显的振动，影响电梯运行舒适感。

需要注意的是，导轨表面的润滑油脂会不断地吸附井道内的灰尘，形成油污。当导靴在导轨上往复运行时，导轨上的油污会逐步堆积到靴衬的两端，如果靴衬两端或者导轨上的油污过多，会引起靴衬快速磨损，因此，在检查维护中，应当定期对靴衬和导轨上的油污进行清洁。

（2）失效模式二：导靴单侧受力过大，导致轿厢运行舒适感不佳，同时引起靴衬异常磨损。

如两侧导靴的靴衬均出现严重的磨损不一致，且磨损程度较大的一侧出现在轿厢同一方向，说明轿厢静平衡或动平衡存在问题，应进行调整。

检查靴头钳口与导轨导向面是否居中，如不居中且使得靴衬安装困难，则应对该侧直梁的扭曲度进行调整，避免靴衬单侧受力。

直梁在生产加工或运输过程中发生变形或在用电梯在发生冲顶或墩底，以及在安全钳锲块调整不当的状态下全速动作时，均有可能引起直梁扭曲。另外，值得注意的是，部分作业人员在安装维修中，错误地通过调整直梁两侧斜拉杆长度对轿底的水平度进行调整，会使直梁在斜拉杆偏载作用力下发生弯曲。

一旦单侧直梁发生扭曲，或者两侧直梁的弯曲程度不一致，就会导致导靴上的靴衬单侧受力，引起靴衬在导轨工作面上的压力增加，滑动阻力变大，导致电梯运行舒适感下降且引起靴衬的单侧异常磨损。

另外，由于门机、轿顶设备、补偿链、随行电缆在轿厢上的安装位置不同，同时随着电梯轿厢在井道内不断变化高度，补偿链、随行电缆等重量平衡设备的重量不断变化，导致轿厢前部与后部、左侧与右侧之间的重量分布不均匀，使轿厢存在偏载，导致轿顶导靴处于单侧受力状态。

一般情况下，要求轿厢导靴单侧受力不大于100 N，以减小导靴靴衬的磨损，提高使用寿命，同时尽可能地减小轿厢运行时的震动。

（3）失效模式三：导靴调整不良，靴头的导向面弹性元件预压缩力调整过大，引起电梯运行舒适感不佳。

解决方法是根据导靴设计要求调整导向面弹性元件预压缩力。

对于部分导向面弹性元件预压缩力可调的弹性滑动导靴，其弹性元件（如压缩弹簧）的压缩行程不宜过大，避免由于弹簧压缩过度，使导靴在导轨导向面上的支撑力过大，无法有效地对导向面上的冲击和振动进行缓冲，引起轿厢运行时存在明显的水平振动，使电梯运行的舒适感下降。

（4）失效模式四：导靴调整不良，靴头的导向面浮动行程过小，引起轿厢遇到冲击时晃动幅度变大。

根据导靴设计要求调整导向面浮动行程，正常情况下应为2～3 mm，同时导向面浮动行程的调节螺母不应拧紧在导靴壳体上。

当弹性滑动导靴在导轨上运行遇到冲击和振动时，其靴头在导轨的导向面上应能够进行一定程度的浮动，能够使靴衬底部始终贴紧在导向面上与导轨保持接触，同时可以使导靴内导向面上的弹性元件（如弹簧、橡胶等）始终保持在压缩状态，可以有效缓冲振动的幅度，并使振动快速衰减。

需要注意的是，目前常见的几种弹性滑动导靴，其导向面弹性元件的预压缩力并无调节机构，导靴导向面的支撑力不可调。导向面弹性元件末端的调节螺母的功能是用于调节靴头在导向面上的浮动行程，而非对弹性元件进行预压缩。

如果导靴的导向面浮动行程调节螺母完全拧紧，或导向面浮动行程过小，在轿厢晃动幅度过大时，当靴头从被压缩状态复位到初始位置时，会使调节螺母与靴座发生碰撞，长期货用有可能引起调节螺检断裂、脱落，同时，弹性元件不能完全释放，导致靴衬脱离导轨导向面，使得导靴吸收振动的能力减弱。

因此，对于这些弹性元件预压缩力不可调的弹性滑动导靴，其弹性元件末端螺母应当与靴座之间保持一定的间隙，而不应处于拧紧状态，使靴头获得足够的浮动行程，在晃动和冲击下将靴衬底部始终压紧在导轨上。

（5）失效模式五：双向弹性滑动导靴，靴头的工作面浮动行程过小，引起电梯运行舒适感不佳。

根据导靴设计要求调整工作面浮动行程，原则上不应大于安全钳制动元件与导轨工作面之间的间隙，正常情况下应为1～2 mm。

部分双向弹性滑动导靴的工作面上也设置有浮动行程调节螺栓，对导靴在导轨工作面上的浮动行程进行限制，避免轿厢在导轨工作面上的晃动过大，引起门刀与层门地坎发生擦碰，因而在电梯运行过程中，工作面浮动行程调节螺栓应当与靴头侧面保持一定的间隙，通常情况下为2 mm左右，而轿底导靴的间隙还应当小于安全钳楔块与导轨工作面的间隙，避免安全钳楔块与导轨工作面刮擦，导致安全钳误动作。

需要注意的是，如果导靴工作面浮动行程的调节螺栓与靴头发生接触，会使靴头失去浮动行程，此时导轨工作面的弹性元件因无法缓冲来吸收导轨工作面上的振动和冲击，直接引起电梯运行时轿厢产生明显的振动，电梯运行舒适感下降。

（6）失效模式六：导靴定位不良，靴衬底部未压住导轨导向面，引起轿厢在偏载下产生晃动或倾斜。

解决方法是调整导靴的位置，使导轨完全嵌入靴衬内，并使靴衬的底部完全压住导轨导向面；检查导靴不应存在水平侧转，靴衬侧面不应与导轨工作面挤压受力；调整左右两侧导靴的相对位置，使两侧导靴的靴衬工作面处于同一直线。

当轿厢在导轨上运行时，应使靴衬底部与导轨导向面始终保持接触，因此，在确保导向面的浮动行程调节螺母与靴座之间保持合适间隙的同时，还应当注意导靴的安装位置不应过于远离导轨，避免使靴衬底部无法压紧导轨导向面，使导靴无法有效对轿厢晃动进行缓冲，引起晃动幅度过大。

需要注意的是，如果轿厢在其左右方向上晃动间隙过大，有可能会引起门刀与层门门锁滚轮运行间隙过小，在轿厢运行经过个别楼层时，出现门刀擦碰门锁滚轮，导致主动锁钩在滚轮作用下开启，引起电梯故障。

（7）失效模式七：导靴定位不良，靴头的导向面弹性元件过度预压缩，引起电梯运行舒适感不佳。

如前所述，弹性滑动导靴的靴衬底部与导轨导向面之间不应存在间隙，但是如果导靴位置过于靠近轿厢，会使得导靴的导向面弹性元件产生预压缩，使靴衬底部与导轨之间的压力增加，引起导靴在导轨上运行的阻力增加，在运行经过导轨间距过小的区域，或者遇到导轨润滑状态不佳、导轨接头台阶过大时，就会使轿厢产生明显的振动，导致电梯运行舒适感不佳。

（8）失效模式八：导靴定位不良，两侧导靴存在扭转，引起电梯运行舒适感不佳。

虽然弹性滑动导靴的靴头在遇到振动和冲击时，可以进行一定的偏转进行缓冲，但是在靴头发生偏转时，会使靴衬单侧受到挤压，导致靴衬在导轨工作面上的滑动阻力增加。因此，在导靴定位时，应当使左右两侧导靴的靴衬侧面均处于同一直线，避免出现扭转，将靴衬的某一侧面压紧在导轨工作面上，使靴衬各摩擦面受力不均引起卡阻，导致轿厢运行阻力过大，从而影响电梯运行舒适感，并使靴衬出现异常磨损。

失效模式七、八的解决措施与失效模式六相同。

2）轿顶导靴上油杯

检查项目一

检查油杯内的油量，油位如低于油杯高度一半应进行添加。

检查项目二

检查油杯的外观是否完好，其杯盖等各部件状态应完好，不应存在缺损、破裂。

检查项目三

检查导轨表面的润滑状态，导轨表面在灯光照射下应呈现明亮油层，用手指触摸后指尖应存在明显的油渍。当导轨表面在灯光照射下呈现哑光状态时，说明导轨表面缺油。如此时油杯状态正常，则应进一步检查油杯毛毡的出油状态是否正常。

（1）油杯油量状态。

① 失效模式一：油杯缺油未添加，或油杯内油位过高。

解决方法是使导靴上油杯内的油位保持在油杯总容量的1/2～3/4。

② 失效模式二：油杯破损，引起润滑油渗漏。

解决方法是将新的油杯毛毡和油芯在导轨润滑油内充分浸润后，更换新油杯，安装调整完毕，并在其内加入导轨润滑油。

（2）油杯出油状态。

① 失效模式一：油杯定位错误，吸油毛毡与导轨接触面过小，或未完全压住导轨面，引起导轨面缺油。

解决方法是调整毛毡，使其完全压住导轨面。

② 失效模式二：油杯吸油毛毡或油芯破损，或毛毡表面油污堆积硬结，导轨润滑油无法渗出，引起导轨缺油。

解决方法是将新的油杯毛毡和油芯在导轨润滑油内充分浸润后，更换新毛毡和油芯，并进行调整。

③ 失效模式三：将齿轮润滑油作为导轨润滑油使用，引起毛毡上齿轮润滑油不能顺畅渗出。

解决方法是将新的油杯毛毡和油芯在导轨润滑油内充分浸润后，更换新油杯，安装调整完毕并在其内加入导轨润滑油。

④ 失效模式四：冬季气温降低，润滑油黏度增加，引起毛毡上导轨润滑油不能顺畅渗出。

解决方法是选用黏度更低的润滑油。

3）对重/平衡重及其压板

检查项目一

用力摇晃对重块，检查对重块固定是否可靠，同时对对重块压板进行检查调整，确认对重块压板压紧对重块，且压板的螺栓所固定的锁紧螺母有效锁紧。

检查项目二

对各对重块的状态进行检查，尤其是针对非金属材质（水泥）的对重块，应确认对重块外形完整无破裂，且水泥未出现风化。

检查项目三

根据对重块及对重架上的对重块数量和高度的标识，检查对重块的数量是否正常，确认对重的总重量未发生变化。

（1）对重块坠落。

① 失效模式一：压板未压住对重块，在对重蹲底或上抛坠落时，引起对重块坠落。

解决方法是调整压板，使之完全压住对重块，并将压板的各螺栓、螺母拧紧。

② 失效模式二：对重块压板固定螺栓松动，在对重蹲底或上抛坠落时，引起对重块坠落。

解决措施与失效模式一相同。

需要注意的是，根据《电梯制造与安装安全规范　第 1 部分：乘客电梯和载货电梯》（GB 7588.1—2020）5.4.11.2 条规定：

> 如果对重（或平衡重）由对重块组成，则应防止它们移位。为此，对重块应由框架固定并保持在框架内。应具有能快速识别对重块数量的措施（例如：标明对重块的数量或总高度等）。

当对重块采用金属材质，且电梯的额定速度运行在 1 m/s 以下时，可以适当降低对重块固定措施的要求，但至少应用两根拉杆将对重块固定在对重架中。

电梯在使用过程中，有可能由于各种原因引起轿厢出现蹲底、冲顶、安全钳意外动作等情况，导致轿厢以较大的减速度停止运行。如果轿厢在下行过程中以大于 1$g$ 的减速度急停，而此时正在上行过程中的对重只能在自身重力作用下停止运行，其减速度不大于 1$g$，当下行轿厢的减速度大于下行对重时，会引起连接二者的曳引钢丝绳完全松弛，此时虽然轿厢已经完全停止，但是对重仍处于自由上抛状态。

当对重上抛至最高点后，又会在重力作用下进行自由落体运动，使轿厢与对重之间的曳引钢丝绳再次受力绷紧，在钢丝绳绷紧的短时间内，会对对重产生较大的冲击，使之在非常短的时间内停止自由落体运动。在这个冲击过程中，一旦对重块未被有效束缚（固定在对重架内），十分容易引起对重块从对重架中脱离，坠入井道内。如果此时轿厢所处位置低于对重块，则坠落的对重块在砸中轿厢顶部时，有很大可能击穿轿顶、坠入轿厢内，导致人员伤亡。

为了有效地固定和束缚对重块，在对重架上通常都会设置压板装置，将对重块压紧在对重架内。对重块压板应当完全压住对重块，与之不存在活动间隙，且压板上的各固定螺栓和螺母应有效紧固，并设置适当的防松措施。

（2）对重块破裂。

① 失效模式一：水泥对重块出现风化、膨胀，或外包材料破损，存在破碎可能。

解决方法是更换表面出现膨胀变形、破碎风化的水泥对重块，且将对重底部的水泥对重块更换为铸铁对重块，更换时应采用手拉葫芦将轿厢悬吊在井道顶部，在底坑内搭建移动脚手架后进行作业，完成更换后应对对重块数量或高度标识重新进行涂刷。

水泥对重块在生产过程中，由于水泥水化、硬化形成的浆体中有一些孔隙（毛细孔、凝胶孔），具有渗透性。因此，在潮湿环境中，空气中的水分渗入混凝土的水泥浆，循环作用的冰冻压力会损害水泥浆体，导致混凝土由表及里损坏；另外，长期处于盐湿环境区域的电梯，如滨海地区，空气中的盐分含量较高，在潮湿气候时盐分随水分一同渗透进入混凝土，在干燥时水泥表面干燥，出现盐结晶，这种结晶压力也会损害水泥浆，逐步损坏混凝土表面。如果在水泥浆中引入一定量气泡，可以吸收冰冻或结晶压力，能够有效保护混凝土不受冰冻或盐结晶损害。

水泥水化产物之一是氢氧化钙，使水泥浆体呈碱性。由于水泥浆的这些特点，在酸性环境的土壤、空气或水分中含有的硫酸盐渗透进入水泥，会与水泥水化产物发生膨胀性反应，导致混凝土由表及里损坏；而酸性环境中的氯离子渗透进入水泥，会导致水泥对重块内的钢筋锈蚀，钢筋锈蚀会产生膨胀，导致混凝土开裂或外层混凝土剥落。

另外，空气中的二氧化碳渗透进入水泥，与氢氧化钙反应生成碳酸钙，称作水泥碳化。碳化的产物本身稳定，还能提高水泥表面硬度和强度。然而，碳化会降低水泥的碱度（也称作中性化），使混凝土失去对钢筋的保护作用，钢筋锈蚀就会使混凝土表面层开裂或剥落。

现在混凝土技术已经能够很好地解决这些问题，但是由于对重的使用环境所决定，在电梯出现蹲底、冲顶、安全钳意外动作时，有可能会面临超过自身重量数倍的冲击，因此，需要在检查维护中着重对水泥对重块的外观形状进行检查。且在《电梯监督检验和定期检验规则》（TSG T 7001—2023）中明确要求“对重（平衡重）块不得出现开裂、严重变形”“对重（平衡重）块外包材料不得出现破损”。

② 失效模式二：底部对重块为水泥材质，在对重蹲底或上抛坠落时，引起底部对重块破碎。

解决措施与失效模式一相同。

由于水泥（或混凝土）材质特性的原因，其机械强度弱于铸铁等金属材质，且水泥质脆，在过强的外力加压、冲击下会直接导致破碎，因此，很多水泥对重块要求在运输装卸时严禁抛掷。

最底部的对重块由于其需要承受其他所有对重块的重量，同时在部分设计中，对重框架与底部对重块之间的受力面积非常小，使对重块产生较强的局部应力，加之电梯出现蹲底、冲顶、安全钳意外动作时产生的冲击，以及水泥材质在长期使用中逐步风化，如果底部对重块采用水泥材质，容易导致对重块发生破碎。因此，在采用水泥对重块的对重上，通常要求最底部的对重块应采用金属材质。

（3）对重块数量。

① 失效模式一：缺少部分编号的对重块，或对重块堆放高度低于高度标识，对重块数量不足。

解决方法是将电梯检修运行至轿顶与对重平齐位置，在对重内增加对重块，并对对重块数量或高度标识重新进行涂刷；在完成电梯平衡系数的测试和调整后，自上而下地将对重块逐一编号，或者在对重架上标识对重块的堆放高度，以便检查维护过程中，作业人员准确识别对重块的数量是否准确。

为了有效防范电梯在使用过程中，由于对重块被盗造成电梯轿厢平衡系数过低，破坏电梯曳引条件，使得电梯出现轿厢意外移动，造成人员伤亡事故的发生，在《电梯监督检验和定期检验规则》（TSG T 7001—2023）中明确要求“应当具有能快速识别对重（平衡重）块数量的措施（如标明对重块的数量或者总高度）”。

② 失效模式二：对重块无数字标号、数字标号顺序错误，或没有对重块堆放高度标示，无法判断对重块数量是否缺少。

解决方法是重新进行平衡系数测试，并增加足够数量的对重块后，重新对对重块数量或高度标识进行涂刷。

在电梯完成平衡系数测试和调整、确认对重块数量以后，应当通过适当的标识明确对重块的总数量，使得对重块在缺少时能够被简单直观地辨别。但是如果没有采取任何形式标示对重块的数量或高度，或者标示方式错误，就会在对重块数量缺少时无法通过目视检查辨别，导致电梯运行存在安全隐患。

### 5. 电梯安全保护装置

#### 1）限速器检查

检查项目一

将电梯停在中间楼层的位置断电，打开限速器电气安全开关，拆下电气安全触点，确认动静触点之间不存在粘连，观察是否存在氧化或积灰的情况。重复开闭动作电气安全开关，在整个过程中观察开关动作是否灵活，不受到任何卡阻。

检查项目二

将限速器甩块人为动作后再手动复位，重复几次，在整个过程中观察摆臂及连杆各活动部件动作是否灵活，同时确认是否存在锈蚀的情况。

检查项目三

将限速器棘爪人为动作后再手动复位，重复几次，在整个过程中观察棘爪各活动部件动作是否灵活，是否发生锈蚀。

同时应当对棘轮上各轮齿的状态进行检查，各轮齿不应缺齿，且不应存在目视可见的磨损，以防止限速器棘爪不能卡入部分轮齿，导致事故。必要时可以在动作限速器触发机构后，通过机房紧急电动向下运行轿厢，使限速器反向运行一周，此时每个轮齿都应能被棘爪触碰而发出清脆的声音。

检查项目四

观察限速器上各封记是否完好。

检查项目五

将夹绳机构人为动作后再复位，重复几次，在整个过程中观察夹绳机构各活动部件动作是否灵活，是否发生锈蚀。

检查项目六

观察复位弹簧上各封记是否完好。

检查项目七

在电梯运行过程中，观察限速器的转动是否存在异响，如果出现异响，则需要将限速器钢丝绳从限速器轮上剥离后，转动限速器绳轮，确认限速器轮轴承工作是否正常。

（1）电气安全开关。

失效模式：限速器电气安全开关不起作用，无法在指定速度有效触发。

若电气安全触点存在氧化或积灰的情况，清洁触点表面，使之光亮之后装回。在清洁过程中仅将触点表面的氧化层清除即可，不应用百洁布、砂纸等对触点表面进行打磨，破坏触点表面光洁度。

如开关动作不灵活，则进一步检查开关机械结构，如仍然无法排除则更换电气开关，需要注意的是，在电气开关固定螺母上印有封记的情况下，单独更换电气开关后，限速器需要重新进行校验。

当电梯超速后，控制电路未被强制断开，制动器未抱闸。这分两种情况：其一是限速器上的电气开关被人为短接或氧化不通，其二是限速器电气开关不能被机械装置动作。由于限速器出厂前经过调定，故后一种情况很少见，一般不会发生。由于电气安全回路工作电压相对较高，动静触点在分离时容易产生电弧，将触点烧蚀氧化，破坏触点的表面材质构成及光洁度状态，引起触点阻值增大。如果动静触点的表面出现氧化、锈蚀或灰尘，一方面有可能会引起接触电阻过大，导致安全回路不通，造成电梯故障；另一方面，当触点间接触电阻过大时，触点间的接触电阻使其产生较大的热量，加速触点导电性能的恶化，并使接触电阻进一步增大，最终导致动静触点表面烧蚀化。需要注意的是，限速器长期工作在粉尘堆积的环境中，甚至电气安全开关缺少防尘措施，都会加剧电气触点的烧蚀氧化。

同时，电气安全装置的线缆不应随意破断重接，以防止接头处导线氧化，导致线路不通，引起电梯故障。

此外，电气安全装置应当有效接地，以便在电气安全装置的电气部分接地短路时，断路器能够正常工作，断开电路电源。如果电气安全装置未能有效接地（见图 2-19 与图 2-20），一旦同时出现两处电气安全装置接地短路，由于断路器不能正常切断电源，电气安全回路仍然处于正常工作状态，但是两处接地短路的电气安全装置之间的整段电路都会被旁路。

（2）触发机构。

① 失效模式一：甩块及其连杆机构的各销轴出现缺油、磨损，因阻力增大致使

甩块动作不灵活，无法在指定速度有效触发。

图 2-19　限速器电气安全开关罩缺失

图 2-20　限速器电气安全开关接地线松脱

如果发现限速器甩块及其连杆机构动作不灵活，存在卡阻的现象，且润滑无效或存在严重锈蚀、磨损的，应更换新的限速器。如果离心机构各活动部件存在锈蚀的状况，用润滑脂对销轴、轴承进行适当润滑，同时应对触发机构清除灰尘及油污。

甩块及其离心弹簧通过连杆（或摆臂）机构安装在限速器转轴上，甩块高速旋转过程中的离心运动需要通过连杆（或摆臂）机构的动作才能够实现，且离心运动应当仅受到离心弹簧的约束。如果连杆（或摆臂）机构上的转动部件，如销轴、轴承等缺乏润滑或异常磨损，导致连杆（或摆臂）机构动作不灵活，会对甩块额外施加约束力（阻力），导致甩块离心运动的阻力变大，引起限速器机械动作速度变大，更严重的甚至引起限速器触发机构无法工作。

② 失效模式二：限速器棘爪的各销轴出现缺油、磨损，或棘爪的释放机械卡阻，导致棘爪无法释放。

如果发现棘爪和棘轮动作不灵活存在卡阻的现象，且润滑无效或存在严重锈蚀、磨损的，应更换新的限速器。如果棘爪各活动部件存在锈蚀的情况，用润滑脂对销轴、轴承进行适当润滑，同时应对触发机构清除灰尘及油污。

正常情况下限速器超速达到调定值时，棘爪应当能卡住最近制动轮轮齿，及时保护乘客及电梯安全。但是如果棘爪及棘爪释放机构的转动部件（销轴等），由于出现锈蚀、磨损而导致卡阻、不灵活，或者驱动棘爪动作卡入轮齿的机构无法顺畅动作（如驱动弹簧老化失去弹性），就有可能导致限速器在电梯超速时，触发机构无法有效释放棘爪，导致限速器不能有效工作。

③ 失效模式三：限速器棘爪、制动轮轮齿出现磨损或断裂，限速器棘爪不能卡入部分轮齿，无法在指定速度有效触发。

解决方法可参照失效模式二。

如果限速器制动轮上的部分轮齿出现磨损，甚至出现缺损，就有可能导致棘爪释放后无法与轮齿成功啮合。需要特别提醒的是：这种缺陷情况很隐蔽，如未能及时发现，一旦发生事故，后果将十分严重。

④ 失效模式四：调整弹簧等速度调整部位螺母被松动，或铅封、封记被破坏，无法在指定速度有效触发。

当限速器上的封记出现破损，则限速器需要重新进行校验。同时应对触发机构清除灰尘及油污。

一般情况下，限速器上离心甩块的约束弹簧（通常为压缩弹簧）、触发机构对电气安全开关和制动机构的触动元件（如螺栓、螺柱、顶杆等）的定位会直接影响限速器的最终动作速度。因此，限速器在出厂校验完毕后，会在这些元件的定位（或固定）件上用铅封或油漆封记进行标定，以便限速器在检查维护过程中确认其出厂设定未被修改。

（3）制动机构。

① 失效模式一：夹持式限速器的夹绳机构各销轴出现缺油、磨损，限速器触发后无法有效制动钢丝绳。

如果发现夹绳机构动作不灵活、存在卡阻的现象，且润滑无效或存在严重锈蚀、磨损的，应更换新的限速器，同时应对制动机构清除灰尘及油污。

无论是复位弹簧式或夹绳弹簧式夹绳机构，都需要依靠限速器钢丝绳与绳轮的摩擦力来驱动夹绳机构，使夹绳块压紧在钢丝绳上产生自锁。而夹绳机构在动作过程中需要由多个连杆（摆杆）配合完成，各传动机构的销轴如果在长期使用中出现锈蚀、磨损的情况，容易引起夹绳机构动作阻力变大，动作的阻力一旦达到甚至超过限速器钢丝绳的摩擦力，例如，此时限速器钢丝绳或绳槽的状态不佳，摩擦力减弱，就会导致限速器的制动机构无法动作，不能有效制停限速器钢丝绳。

② 失效模式二：夹绳弹簧式夹绳机构的限速器，夹绳弹簧的预压缩行程不足，引起夹绳块无法有效压紧钢丝绳使之制动。

当夹绳弹簧上的封记出现破损，则限速器需要重新进行校验，同时应对触发机构清除灰尘及油污。

③ 失效模式三：复位弹簧式夹绳机构的限速器，复位弹簧铅封被破坏，弹簧初始状态的预压缩行程过大，限速器触发后无法有效制动钢丝绳。

当复位弹簧上的封记出现破损，则限速器需要重新进行校验，同时应对触发机构清除灰尘及油污。

根据夹绳机构压缩弹簧的机械功能，可将夹持式限速器的夹绳机构分为复位弹簧式和夹绳弹簧式两种。

其中复位弹簧夹持式限速器的夹绳机构，当电梯超速运行使限速器动作时，触发机构通过各机械部件（如销轴、连杆、棘齿与制动轮等），利用钢丝绳与绳轮的摩擦力进行驱动，使夹绳机构上的压缩弹簧产生压缩。而当限速器进行复位时，夹绳机构能够在压缩弹簧的弹力驱动下自动复位至初始位置。

需要注意的是，由于限速器机械触发机构在动作时，夹绳块需要依靠钢丝绳与绳轮间的摩擦力拉动，克服复位弹簧的弹力（弹力会随着夹绳块的夹持运动逐步增加），驱动夹绳块压住限速器钢丝绳，因而在夹绳机构动作过程中，限速器钢丝绳与绳轮间的摩擦力需要始终大于复位弹簧的弹力，方能使夹绳块持续下落，直至触碰钢丝绳后产生自锁，最终使夹绳块完全压紧钢丝绳。

对于采用复位弹簧式夹绳机构的夹持式限速器，应当十分注意观察复位弹簧的定位（弹簧的压缩行程）是否出现异常变化，复位弹簧在初始状态下的预压缩行程过大，会导致夹绳机构动作过程中的阻力变大，在一定程度下有可能引起夹绳机构无法动作，不能有效制停限速器钢丝绳。

复位弹簧式夹绳机构的弹簧定位螺母（锁紧螺母）会在限速器完成出厂校验后用油漆封记进行标定，便于维护保养过程中对复位弹簧的预压缩状态进行检查确认。

需要注意的是，常有作业人员将复位弹簧式夹绳机构错误识别为夹绳弹簧式，在限速器无法有效制动限速器钢丝绳时，对复位弹簧进行调整，增加其预压缩行程。这种操作非但无法使复位弹簧式夹绳机构的钢丝绳压紧力增加，反而会导致夹绳机构彻底无法动作压住限速器钢丝绳。

④ 失效模式四：限速器绳轮轴承损坏，产生卡阻。

如发现限速器轮的转动不灵活，或者限速器在运行中出现松动及异响或者机械机构不能灵活动作，应更换新的限速器。

这种情况在现实使用环境中出现的较少，一般出现在使用年限较长的老旧电梯上。如果限速器绳轮的轴承由于缺少润滑或者磨损而损坏，会在一定程度上增加限速器绳轮转动的阻力，由于限速器钢丝绳与绳轮间的摩擦力只会在长期使用中逐步减小，因此，当绳轮转动阻力过大时同样不利于限速器钢丝绳驱动绳轮动作制动机构。同样，这种情况对于复位弹簧式夹绳机构的影响会更为明显。

2）限速器张紧装置和电气安全装置

检查项目一

作业人员在底坑内检查限速器张紧装置。

（1）该装置的电气安全装置应当动作灵活，活动部件不应出现锈蚀、异物卡阻的情况。

（2）电气安全装置应当封闭良好，内部接线端子和电气开关触点应无锈蚀、氧化、积灰等情况，接线应当牢固可靠。

（3）电气安全装置应固定牢固，防止在触发装置的撞击下出现松动。

检查项目二

两名作业人员在底坑内互相配合，手动抬起张紧装置重锤，脱卸限速器钢丝绳。

（1）在张紧装置下方放置 150 mm 高的支撑物，并使张紧装置最低位置落在支撑物上，观察此时电气安全装置应当已经被触发。

（2）改变张紧装置的高度，模拟其发生±100 mm 的上下飘摆的状态，此时电气安全装置不应被触发。

（3）手动旋转张紧装置绳轮，绳轮转动应灵活，无明显阻力或异响。

检查项目三

两名作业人员分别在轿顶上和底坑内相互配合，检查电气安全装置动作的可靠性和有效性。

（1）人为轻微触动张紧装置的电气安全装置，确认开关动作灵活可靠。

（2）底坑作业人员复位底坑下急停开关，并在底坑下急停处，以蹲姿用手扶住底坑下急停开关，要求轿顶作业人员复位轿顶急停后，检修向上点动运行电梯。此时电梯应能够检修上行，确认电梯检修上行有效。

（3）底坑作业人员在底坑内将下急停置于动作状态后，动作张紧装置电气安全开关，复位底坑下急停开关，并在下急停处以蹲姿用手扶住底坑下急停开关，要求轿顶人员复位轿顶急停后，检修向上点动运行电梯，此时电梯应无法检修运行，证明张紧装置电气安全开关功能有效。

（1）电气安全装置。

① 失效模式一：电气安全装置锈蚀无法动作，或罩壳缺失导致触点积灰严重。

解决方法是更换电气安全装置。

限速器张紧装置的电气安全装置长期工作在底坑中，其工作环境粉尘较大，且部分潮湿地区底坑内湿度较大，为了保证开关的正常工作，防止电气安全装置的机械机构出现锈蚀卡阻，电气安全触点出现氧化烧蚀，应当定期对开关的外部进行清洁，并确保开关的电气防尘防潮保护措施（如开关罩壳等）完整有效，切勿使电气触点和接线桩子长期裸露于底坑中。对于出现积水、渗水的底坑，由于底坑内湿度较大，尤其在夏季高温状态下，应当尤为注意检查底坑内电气安全装置的工作状态，及时更换发生锈蚀的电气安全装置。

② 失效模式二：电气安全装置不牢固发生松动，或电气线缆接线松动。

解决方法是紧固开关和电气线缆各固定螺钉。

电气安全装置在其固定支架上应当安装牢固无松动，防止在张紧装置动作时，碰铁触碰电气安全装置后使其发生移位，甚至引起电气安全装置无法正常触发。

电气安全装置的接线应牢固无松动，尤其是底坑内的电气线路，两接线端子之间的电气线缆不应存在中间接头，以防止在底坑潮湿的环境下长期工作，由于金属腐蚀导致电路不通。

电气安全装置应当有效接地，以便在电气安全装置的电气部分接地短路时，断路器能够正常工作，断开电路电源。如果电气安全装置未能有效接地，则一旦同时出现两处电气安全装置接地短路，由于断路器不能正常切断电源，电气安全回路仍然处于正常工作状态，但是两处接地短路的电气安全装置之间的整段电路都会被旁路。此时底坑急停开关至上极限开关之间的所有电气安全装置均处于旁路状态，触发这些电气安全装置无法切断电气安全回路。

③ 失效模式三：电气安全装置与碰铁之间的间距过小，电梯运行时发生误动作，引起故障。

解决方法是调整电气安全装置的固定位置，使之与碰铁之间保持合适距离，当张紧装置的绳轮产生±100 mm以内的上下飘摆时，电气安全装置不应发生误动作。

由于限速器张紧装置的悬挂质量相对较轻，在天气变化时，电梯限速器钢丝绳的热胀冷缩造成钢丝绳天气冷时缩短，天气热时伸长，或电梯运行时限速器钢丝绳的弹性形变，均会对限速器张紧装置的悬挂高度产生影响。对于提升高度较大的电梯，会引起张紧装置产生较大幅度的周期性上下运动。根据经验，对于提升高度 75～100 m 的电梯，张紧装置的上下飘摆幅度可以达到±100 mm。

因此，张紧装置电气安全开关在调整时，应与其触发机构保持足够的距离（或按照厂家设计要求调整），以防张紧轮的周期性上下飘摆错误触发电气安全开关，导致电梯故障。对于摆臂式张紧装置，又有其摆臂转动时的杠杆效应，该间隙不直接等于绳轮实际飘摆幅度，应注意采用正确的方法进行测试或计算。

（2）限速器张紧装置状态。

① 失效模式一：张紧装置离地高度不足，断绳时重锤触地后无法动作电气安全装置。

解决方法如下。

- 脱卸限速器钢丝绳端接装置，使之与安全钳提拉机构分离，向下滑行至底坑内。
- 作业人员抬起张紧装置，并在其下方放置特定高度的支撑物，该高度=制造单位对张紧装置的离地距离 $D$+50 mm。
- 调整电气安全装置的固定位置，使之与磁铁之间保持合适距离，当张紧装置的绳轮产生±100 mm 以内的上下飘摆时，电气安全装置不应发生误动作。
- 脱卸限速器钢丝绳，按照新的张紧装置高度，重新收短、制作限速器钢丝绳端接装置，端接装置在装配时，其工艺应参照制造单位的设计要求进行。

为防止限速器钢丝绳断裂或意外延长，使张紧装置下落至底坑地面，限速器钢丝绳失去张紧，引起限速器功能失效，限速器张紧装置的电气安全开关应当在张紧装置离地高度小于 150 mm 之前触发动作。

对于摆臂式张紧轮，将张紧轮摆臂和固定支架调成水平的情况下，测量张紧装置最低部分的离地高度 $D$ 和电气安全开关与触发机构之间的距离 $s$，以及触发机构与摆臂转轴的力臂 $l$、张紧装置最低部分与摆臂转轴的力臂 $L$，根据二者的杠杆比，大致测算电气安全开关触发时张紧装置的离地高度 $D'$为

$$D' \approx D - \frac{s \times L}{l} > 150\ \text{mm}$$

对于重锤式张紧轮，其电气安全装置由安装在重锤上的磁铁直接触发，因此，直接测量张紧装置最低部分的离地高度 $D$ 和张紧轮开关与拉杆的距离 $s$，测算电气安全开关触发时张紧装置的离地高度 $D'$为

$$D' \approx D - s > 150\ \text{mm}$$

需要注意的是，限速器张紧装置的离地高度过小，就会引起钢丝绳断绳时电气安全装置无法有效动作；但是当电气安全装置的固定位置距离其磁铁过远，同样也会导致钢丝绳断绳、重锤坠落时，电气安全装置无法触发的情况。因此，在检查张紧装置的离地高度时，应当同步检查电气安全装置与磁铁的距离 $s$。

② 失效模式二：限速器绳轮轴承锈蚀，运行时产生异响，导致钢丝绳异常磨损。

解决方法如下。

- 作业人员抬起张紧装置，并在其下方放置 150 mm 支撑物后，脱卸限速器钢丝

绳，使张紧装置落在支撑物上。

● 拆卸张紧装置绳轮，并更换其轴承，或直接更换整个限速器张紧装置。

与底坑内电气安全装置相似，张紧装置的绳轮长期工作在底坑阴暗潮湿的环境中，如果遇到底坑出现进水，就会导致绳轮及其轴承直接接触水分，引起金属部件发生锈蚀。在长期使用后，引起轴承内部磨损、卡阻，在电梯运行时发出异响，严重的甚至会引起张紧装置绳轮无法旋转，导致限速器钢丝绳在绳轮上打滑、磨损。

③ 失效模式三：限速器绳轮罩壳松动、变形，与限速器钢丝绳或张紧轮绳轮刮擦。

解决方法是调整、紧固张紧装置罩壳和防脱槽装置，使之不与限速器钢丝绳刮擦。

**【知识解析】**与曳引轮、导向轮等其他绳轮相似，限速器张紧装置的绳轮同样需要采取合适的措施，如绳轮罩壳、防脱槽装置等，对人身伤害、钢丝绳或链条因松弛而脱离绳槽或链轮、异物进入绳与绳槽或链与链轮之间三方面风险进行防护。

维护保养过程中，在确认张紧装置绳轮防护有效的前提下，同样也应当关注绳轮罩壳和防脱槽装置与绳轮、钢丝绳之间的间隙，避免出现刮擦，引起电梯运行时出现异响，并导致部件磨损。

3）端站保护开关

检查项目一

将电梯停在井道顶部合适位置，打下急停后对上强迫减速、上限位、上极限 3 个开关的状态进行检查。

（1）越程保护开关应当动作灵活，其活动部件不应出现锈蚀、异物卡阻的情况，否则容易导致开关无法动作产生故障。

（2）越程保护开关接线盒应当封闭良好，防止接线端子和电气开关触点出现锈蚀、氧化、积灰等情况。

（3）越程保护开关及其接线应当牢固可靠，应防止其在船型打棒的撞击下出现松动。

（4）越程保护开关与撞弓运行间隙应不小于 5 mm，同时应确保开关滚轮处于可靠动作状态；越程保护开关滚轮与撞弓工作面相对位置居中。

检查项目二

对井道上越程保护开关进行功能测试。

（1）在轿顶上检修向上运行电梯，对上限位和上极限开关进行测试，在接近上限位开关时，另一人用手进行动作测试，此时电梯应当能够立即停止运行。

（2）继续检修向上运行电梯，在接近上极限开关时，用手进行动作测试，此时电梯应当能够立即停止运行。

（3）继续检修向下运行电梯，用手对上极限开关再次进行动作测试，此时电梯应当能够立即停止运行。

（4）继续检修向下运行电梯，用手对上限位开关再次进行动作测试，此时电梯应当能够保持向下运行状态。

（5）在轿厢空载的情况下，再次检修向上运行电梯，直至撞弓触发上限位开关使电梯停止运行，测量此时轿厢地坎与层门地坎之间的距离，应至少保持 5 cm 的距离；同时观察上极限开关的工作状态，轿厢撞弓不应触动极限开关，使上限位与上极限开关联动。

（1）越程保护开关。

① 失效模式一：单向越程保护开关安装方向错误，开关盒体与滚轮间落入异物，导致滚轮卡阻无法被撞弓压缩。

解决方法是对越程保护开关进行清理，确认其能够正常动作，并对开关的安装方向进行调整，使异物不能落入开关与滚轮之间。

常见的电梯防止越程保护开关，根据其结构特点，可以分为单向动作开关和双向动作开关两种。

单向动作开关的触动滚轮安装在倾斜式摆臂上，当撞弓倾斜段表面接触滚轮时，向滚轮施加一定的压力，使滚轮绕摆臂销轴做圆周运动。对单向动作开关的安装方向有一定的要求，通常情况下要求单向动作开关在安装时，其滚轮相对开关所处方向应与撞弓的运动方向相同。

当撞弓沿滚轮所指的方向触动滚轮时，该压力的方向基本与滚轮运动的切线方向相同，不存在指向摆臂销轴（圆心）的径向分力，或者径向分力很小，当滚轮被撞弓触动时对摆臂销轴的冲击较小。

当撞弓从滚轮所指的相反方向触动滚轮时，该压力的方向与滚轮圆周运动的切线方向存在较大的夹角，导致压力存在一个指向摆臂销轴的分力，当每次撞弓触动滚轮时，会对摆臂销轴造成一定的冲击，长期使用会引起开关销轴快速磨损。

双向动作开关的滚轮指向与撞弓运动方向垂直，不论撞弓的运动方向如何，其受力状态都是一样的，当撞弓倾斜段表面接触滚轮时，向滚轮施加一定的压力，该压力会存在指向摆臂销轴的径向分力，对销轴产生一定的冲击。双向动作开关的摆臂销轴需要具备更好的耐磨耐冲击性能，因而电梯防止越程保护开关较少采用双向动作开关。

需要注意的是，当单向动作开关采用滚轮向上的位置进行安装时，井道内的碎石、螺母等垃圾杂物容易落入开关盒体和滚轮中间，导致滚轮卡阻无法被正常触动，与撞弓发生撞击，从而损坏开关，这种问题对于安装在底坑内的下越程保护开关尤为常发。因此，无论从开关受力角度，还是防止异物卡阻角度考虑，底坑内的下越程保护开关均应采用滚轮向下的方式安装。对于安装于井道顶部的上越程保护开关，其上限位、上强迫换速开关由于动作较为频繁，应考虑采用滚轮向上的方式安装，上极限开关则可以根据需要采用滚轮向下的方式安装。

② 失效模式二：越程保护开关锈蚀无法动作，或罩壳缺失导致触点积灰严重。

解决方法是如果越程保护开关出现锈蚀或卡阻，无法灵活动作的，应进行更换；同时应采取充分的防尘措施，如安装罩壳防止开关电气触点积灰。

越程保护开关长期工作在井道中，其工作环境粉尘较大，且部分潮湿地区井道内湿度较大，为了保证开关的正常工作，防止越程保护开关的机械机构出现锈蚀卡阻，电气安全触点出现氧化烧蚀，应当定期对开关的外部进行清洁，并确保开关的电气防尘防潮保护措施（如开关罩壳等）完整有效，切勿使电气触点和接线桩子长期裸露于井道中。

（2）越程保护开关与撞弓的配合。

① 失效模式一：越程保护开关与撞弓运行间隙过大，开关压缩行程不足，当轿厢发生前后晃动时，开关可能错误复位。

对个别越程保护开关相对撞弓的位置进行调整，使所有越程保护开关与撞弓保持合适的间隙，当越程保护开关滚轮压在撞弓直线工作段上时，电气安全触点至少应具有 3 mm 以上的压缩行程，不应处于临界接触状态。同时还应对轿厢前后晃动间隙进行检查，确认轿厢导靴靴衬不存在过度磨损，并调整导靴在导轨工作面方向上的限位机构，使轿厢在前后方向上的晃动幅度不超过 2 mm。

越程保护开关与轿厢撞弓之间的运行间隙应当合适。正常情况下，滚轮在与撞弓的倾斜段接触一定距离后，越程保护开关应当已经动作；当滚轮进入到撞弓的直线工作段时，开关应当处于可靠动作状态，此时滚轮应当具有足够的动作行程。如果越程开关的动作行程不足或处于临界状态，则一旦轿厢在前后发生晃动或撞弓本身的垂直度（和弯曲度）存在偏差时，越程保护开关意外复位产生故障。

同时，越程保护开关与轿厢撞弓之间的运行间隙不应过小，应避免当出现轿厢前后晃动、船形打棒的垂直度（和弯曲度）偏差时，船形打棒碰击开关本体的情况。可参照制造厂家相关设计要求对运行间隙进行调整，正常情况下，建议撞弓的直线工作面应与越程保护开关盒体保持不小于 5 mm 的运行间隙。

② 失效模式二：越程保护开关滚轮在撞弓工作面上的运行轨迹过于偏向边缘，在轿厢发生左右晃动时，开关可能错误复位。

对个别越程保护开关相对撞弓的位置进行调整，使所有越程保护开关的滚轮处于撞弓工作面的居中位置。同时还应对轿厢左右晃动间隙进行检查，确认轿厢导靴靴衬不存在过度磨损，并调整导靴在导轨顶面方向上的限位机构，使轿厢在左右方向上的晃动幅度不超过导靴设定值。

越程保护开关的滚轮在撞弓工作面上的运行轨迹，应与撞弓工作面的边缘保持至少 10 mm 以上的距离。如果越程保护开关的滚轮在撞弓工作面上的位置不居中，在轿厢发生左右晃动、轿厢导靴靴衬发生过度磨损或撞弓的垂直度（和弯曲度）不佳的情况下，滚轮容易脱离撞弓的工作面，导致越程开关意外复位而发生故障，引发事故。

③ 失效模式三：撞弓垂直度或直线度偏差过大，引起局部工作面无法有效压缩越程保护开关的滚轮，致使开关无法准确动作。

如撞弓安装的垂直度偏差过大，则将电梯运行至井道底部位置，作业人员在轿顶上与底坑内上下配合，对撞弓垂直度进行调整。

如发现撞弓直线工作段的工作面直线度偏差过大，可引起越程保护开关发生复位的，可在不发生擦碰的前提下，适当减小越程保护开关与撞弓的距离，以增加开关滚轮压住撞弓工作面时的压缩行程。如果调整越程保护开关的位置无法确保开关的可靠动作，则应更换撞弓。

轿厢撞弓是越程保护开关的动作机构，其垂直度与直线度偏差将直接决定越程开关是否能够可靠动作。考虑到导靴靴衬的磨损、轿厢载荷的前后偏载及轿厢运行时的前后晃动，一般情况下当轿厢撞弓工作面全行程的垂直度和直线度偏差达到5 mm时，越程开关的工作稳定性就会大大下降。

如发现轿厢撞弓的垂直度和直线度不佳，可能引起越程保护开关发生复位的，可在不发生擦碰的前提下，适当减小越程保护开关与撞弓的运行间隙，以增加开关滚轮压住撞弓工作面时的动作行程。如果调整越程保护开关的位置无法确保开关的可靠动作，则应在对轿厢撞弓本身进行调整或更换后，再对越程保护开关的位置进行调整。

（3）越程保护开关的安装高度。

① 失效模式一：当极限开关与限位开关安装间距过小，轿厢运行至限位开关时，在撞弓触发限位开关后，轿厢尚未完全制停，极限开关就被触发，导致限位开关与极限开关联动。

在确认电梯平衡系数正常、限位开关安装位置合理、不影响电梯在端站正常平层的情况下，适当调整限位开关或极限开关的高度，增加极限开关与限位开关之间的间距。

如对上下极限开关高度进行了调整，则应重新确认底坑内对重缓冲器附近永久标示线的位置，且应注意，上极限开关应当在对重接触缓冲器前动作。

当轿厢内处于空载状态位于井道顶部时，由于对重总质量大于轿厢总质量，且曳引钢丝绳重量全部集中在对重侧，会造成轿厢上行制停距离增加。如果此时上极限开关与上限位开关距离过于接近，而轿厢检修运行的制动距离大于极限开关与限位开关的距离，就会导致轿厢上行触发上限位开关后，在轿厢停止时撞弓已经触发上极限开关，导致上限位开关与上极限开关联动。

同样情况在轿厢满载下行时也会发生，但是空载检修上行过程中一旦发生上限位开关与上极限开关联动，切断安全回路，就会将轿顶作业人员困在轿顶无法自行离开。

② 失效模式二：上下限位开关安装位置过低或过高，轿厢运行至上下端站平层位置前，撞弓即触发限位开关，引起电梯无法在端站完成平层。

对限位开关的安装高度进行调整，限位开关被触发时的轿厢位置，至少应超出电梯在端站的平层位置5 cm以上，具体距离设定可参考制造厂家设计要求。

在对限位开关安装高度进行调整后，应当对极限开关的间距进行测试，确认撞弓触发限位开关后，轿厢能够完全制停、不触发极限开关，限位开关与极限开关不发生联动。

限位开关被触发时的轿厢位置，至少超出电梯端站行程5 cm以上，尤其是当轿厢处于下端站时，应防止电梯内乘客进出轿厢时产生意外振动，引起限位开关误动作产生故障，具体距离设定可参考制造厂家设计要求。

《电梯制造与安装安全规范　第1部分：乘客电梯和载货电梯》（GB/T 7588.1—

2020）规定：

3.13 电气安全回路 electric safety chain

所有电气安全装置按下述方式连接形成的回路：其中任何一个电气安全装置的动作均能使电梯停止。

…………

3.49 安全电路 safety circuit

满足电气安全装置要求的电路，包括触点和（或）电子元件。

…………

5.12.2 极限开关

5.12.2.1 总则

应设置极限开关：

a）对于曳引式和强制式电梯，设置在行程的顶部和底部；

b）对于液压电梯，仅设置在行程的顶部。

极限开关设置在尽可能接近端站时起作用而无误动作危险的位置。极限开关应在轿厢或对重（如果有）接触缓冲器之前或柱塞接触缓冲停止装置之前起作用，并在缓冲器被压缩期间或柱塞在缓冲停止区期间保持其动作状态。

5.12.2.2 极限开关的动作

5.12.2.2.1 正常的端站停止开关（装置）和极限开关应采用分别的动作装置。

5.12.2.2.2 对于强制式电梯，极限开关的动作应由下列方式实现：

a）利用与驱动主机的运动相连接的装置；或

b）利用处于井道顶部的轿厢和平衡重（如果有）；或

c）如果没有平衡重，利用处于井道顶部和底部的轿厢。

5.12.2.2.3 对于曳引式电梯，极限开关的动作应由下列方式实现：

a）直接利用处于井道顶部和底部的轿厢。或

b）利用与轿厢连接的装置。如：钢丝绳、带或链条。

该连接装置一旦断裂或松弛，符合 5.11.2 规定的电气安全装置应使驱动主机停止运转。

…………

5.12.2.3 极限开关的作用方法

5.12.2.3.1 极限开关应通过下列方式起作用：

a）采用强制的机械方法直接切断电动机和制动器的供电回路；或

b）通过符合 5.11.2 规定的电气安全装置。

5.12.2.3.2 极限开关动作后，仅靠响应轿内和层站呼梯信号不可能使轿厢运行，即使液压电梯由于沉降轿厢离开动作区域。

如果使用了 5.12.1.10 所规定的电气防沉降系统，轿厢一旦离开极限开关的动作区域，应立即启动 5.12.1.10a）所述的轿厢自动分派操作。

只有胜任人员干预后，才请允许电梯恢复正常运行。

## 课后习题

**一、填空题**

1. 曳引电动机每相绕组之间和每相绕组对地的绝缘电阻应不低于________MΩ。

2. 若曳引电动机的轴承磨损过大，定子和转子间径向气隙最大偏差超过__________mm 时，应更换轴承。

3. 当发现减速箱内涡轮和蜗杆啮合轮齿间隙超过______________mm，或轮齿磨损量达到原齿的______________%时，应予更换。

4. 制动器在松闸时两侧闸瓦应同步离开制动轮表面，且其间隙应不大于______________mm。

5. 各根曳引钢丝绳张力的相互差距不超过______________%。

6. 对重下端与对重缓冲器顶端的距离，如果是弹簧缓冲器，应为_________mm，如果是液压缓冲器，应为______________mm。

7. 轿门关闭后的门缝间隙应不大于______________mm。

**二、选择题**

1. 在正常运行条件下，减速箱各机件及轴承温度不得超过______________，减速箱中的油温不得超过______________。

A. 70℃　　B. 75℃　　C. 85℃

2. 减速箱滚动轴承用轴承润滑脂必须填满轴承空腔的______________。

A. 1/2　　B. 1/3　　C. 2/3

3. 制动器电磁线圈的温升应不超过______________。

A. 60℃　　B. 85℃　　C. 105℃

4. 厅门地坎槽中有异物，可能会造成电梯______________。

A. 运行不稳　　B. 关门不到位　　C. 运行噪声大

5. 门刀与各层厅门地坎间的间隙均应为______________。

A. 5 mm　　B. 5～8 mm　　C. 10 mm

**三、判断题**

1. 减速箱允许两种以上的机油混合使用。______________

2. 减速箱涡轮与蜗杆在更换时要成对更换。______________

3. 应定期给制动器的制动闸瓦和制动轮加润滑油。______________

4. 曳引钢丝绳上的润滑油应越多越好。______________

5. 曳引钢丝绳出现少量断丝仍可继续使用。______________

6. 在厅门关闭上锁后，必须保证不能从外面开启。______________

7. 如果门锁开关损坏，可以将门锁开关触点短接来使电梯暂时运行。______________

8. 如果电梯因故障中途停止时，轿厢门应能在里面用手扒开。______________

9. 油杯是安装在导轨上给导轨和导靴润滑的自动润滑装置。______________

# 项目 3

# 电梯电气故障诊断与排除

## 教学目标

1. 掌握电梯电气控制原理；
2. 掌握电梯电气控制电路故障分析和诊断方法；
3. 能够根据电气控制原理完成电梯电气故障的诊断和排除。

## 思政要素

培养学生科学思维，锻炼他们分析问题和解决问题的能力，养成安全意识和规则意识。

## 任务 3.1　安全保护电路的检查与维修

### 任务描述

根据电梯安全保护电路的结构、原理及《电梯制造与安装安全规范　第 1 部分：乘客电梯和载货电梯》（GB/T 7588.1—2020）对电梯安全保护电路的相关要求，完成电梯安全保护电路故障的诊断和排除工作。

## 实施流程

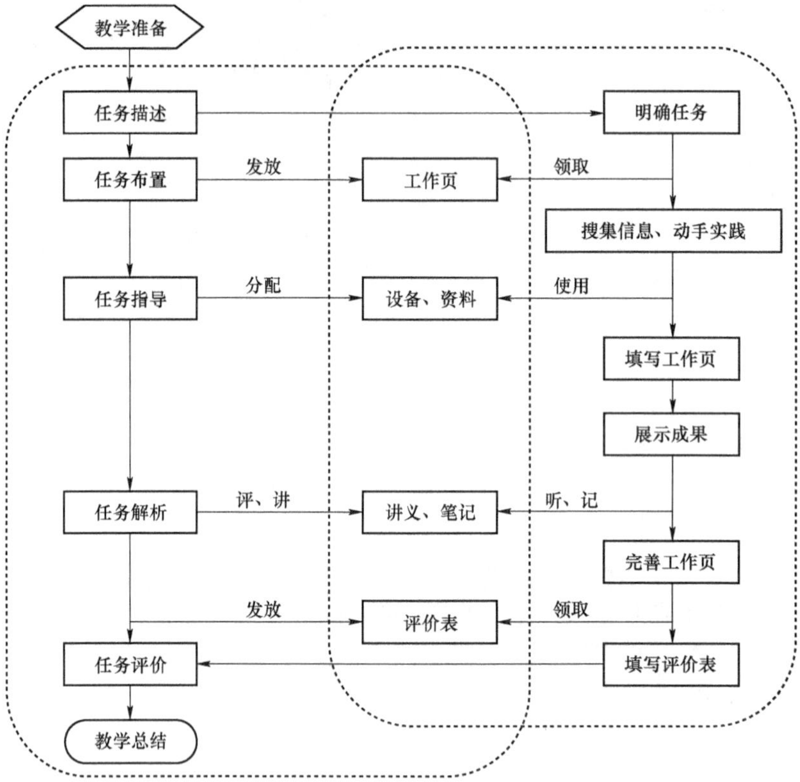


## 教学准备

一、资料准备：电梯安全保护电路原理图、维修记录表、工作页、评价表。

二、工具准备：安全帽、工作服、多用表、试电笔、螺丝刀（“一”字、“十”字各一把）。

## 工作步骤

<table>
<tr><td>工作页名称</td><td colspan="2">电梯安全保护电路的检查与维修</td></tr>
<tr><td colspan="3">班级________ 姓名________ 日期________ 成绩________</td></tr>
<tr><td>故障类型</td><td>故障现象</td><td>诊断过程和排除方法</td></tr>
<tr><td>电源型</td><td></td><td></td></tr>
<tr><td>断路型</td><td></td><td></td></tr>
<tr><td>短路型</td><td></td><td></td></tr>
</table>

## 考核评价

**安全保护电路的检查与维修——考核评价表**

班级＿＿＿＿＿＿ 姓名＿＿＿＿＿＿ 日期＿＿＿＿＿＿ 成绩＿＿＿＿＿＿

<table>
<tr><th rowspan="2">序号</th><th rowspan="2">教学环节</th><th rowspan="2">参与情况</th><th rowspan="2">考核内容</th><th colspan="2">教学评价</th></tr>
<tr><th>自我评价</th><th>教师评价</th></tr>
<tr><td rowspan="3">1</td><td rowspan="3">明确任务</td><td rowspan="3">参　与【　】<br>未参与【　】</td><td>领会任务意图</td><td></td><td></td></tr>
<tr><td>掌握任务内容</td><td></td><td></td></tr>
<tr><td>明确任务要求</td><td></td><td></td></tr>
<tr><td rowspan="3">2</td><td rowspan="3">搜集信息<br>动手实践</td><td rowspan="3">参　与【　】<br>未参与【　】</td><td>完成任务操作</td><td></td><td></td></tr>
<tr><td>搜集任务信息</td><td></td><td></td></tr>
<tr><td>记录实践数据</td><td></td><td></td></tr>
<tr><td rowspan="3">3</td><td rowspan="3">填写工作页</td><td rowspan="3">参　与【　】<br>未参与【　】</td><td>明确工作步骤</td><td></td><td></td></tr>
<tr><td>完成工作任务</td><td></td><td></td></tr>
<tr><td>填写工作内容</td><td></td><td></td></tr>
<tr><td rowspan="3">4</td><td rowspan="3">展示成果</td><td rowspan="3">参　与【　】<br>未参与【　】</td><td>聆听成果分享</td><td></td><td></td></tr>
<tr><td>参与成果展示</td><td></td><td></td></tr>
<tr><td>提出修改建议</td><td></td><td></td></tr>
<tr><td rowspan="3">5</td><td rowspan="3">整理笔记</td><td rowspan="3">参　与【　】<br>未参与【　】</td><td>聆听任务解析</td><td></td><td></td></tr>
<tr><td>整理解析内容</td><td></td><td></td></tr>
<tr><td>完成学习笔记</td><td></td><td></td></tr>
<tr><td rowspan="3">6</td><td rowspan="3">完善工作页</td><td rowspan="3">参　与【　】<br>未参与【　】</td><td>自查工作任务</td><td></td><td></td></tr>
<tr><td>更正错误信息</td><td></td><td></td></tr>
<tr><td>完善工作内容</td><td></td><td></td></tr>
<tr><td>备注</td><td colspan="5">请在教学评价栏目中填写：A、B 或 C。其中 A—能，B—勉强能，C—不能</td></tr>
<tr><td colspan="6">学生心得</td></tr>
<tr><td colspan="6"></td></tr>
<tr><td colspan="6">教师寄语</td></tr>
<tr><td colspan="6"></td></tr>
</table>

# 任务 3.2　电梯控制电路的检查与维修

## 任务描述

根据电梯控制电路的结构、原理及《电梯制造与安装安全规范　第 1 部分：乘客电梯和载货电梯》（GB/T 7588.1—2020）对电梯控制电路的相关要求，完成电梯控制电路故障的诊断和排除工作。

## 实施流程

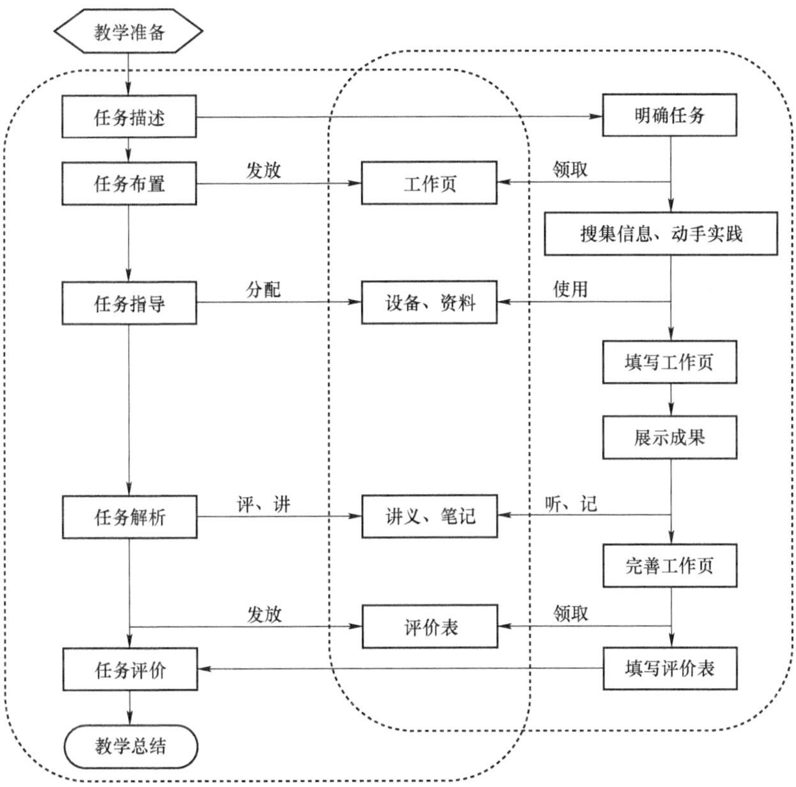


## 教学准备

一、资料准备：电梯控制电路原理图、维修记录表、工作页、评价表。

二、工具准备：安全帽、工作服、多用表、试电笔、螺丝刀（“一”字、“十”字各一把）。

## 工作步骤

<table>
<tr><td>工作页名称</td><td colspan="2">电梯控制电路的检查与维修</td></tr>
<tr><td colspan="3">班级______________ 姓名______________ 日期______________ 成绩______________</td></tr>
<tr><td>故障类型</td><td>故障现象</td><td>诊断过程和排除方法</td></tr>
<tr><td>电源型</td><td></td><td></td></tr>
<tr><td>断路型</td><td></td><td></td></tr>
<tr><td>短路型</td><td></td><td></td></tr>
</table>

## 考核评价

电梯控制电路的检查与维修——考核评价表

班级________ 姓名________ 日期________ 成绩________

| 序号 | 教学环节 | 参与情况 | 考核内容 | 教学评价 | |
|---|---|---|---|---|---|
| | | | | 自我评价 | 教师评价 |
| 1 | 明确任务 | 参　与【　】<br>未参与【　】 | 领会任务意图 | | |
| | | | 掌握任务内容 | | |
| | | | 明确任务要求 | | |
| 2 | 搜集信息<br>动手实践 | 参　与【　】<br>未参与【　】 | 完成任务操作 | | |
| | | | 搜集任务信息 | | |
| | | | 记录实践数据 | | |
| 3 | 填写工作页 | 参　与【　】<br>未参与【　】 | 明确工作步骤 | | |
| | | | 完成工作任务 | | |
| | | | 填写工作内容 | | |
| 4 | 展示成果 | 参　与【　】<br>未参与【　】 | 聆听成果分享 | | |
| | | | 参与成果展示 | | |
| | | | 提出修改建议 | | |
| 5 | 整理笔记 | 参　与【　】<br>未参与【　】 | 聆听任务解析 | | |
| | | | 整理解析内容 | | |
| | | | 完成学习笔记 | | |
| 6 | 完善工作页 | 参　与【　】<br>未参与【　】 | 自查工作任务 | | |
| | | | 更正错误信息 | | |
| | | | 完善工作内容 | | |
| 备注 | 请在教学评价栏目中填写：A、B 或 C。其中 A—能，B—勉强能，C—不能 | | | | |
| 学生心得 | | | | | |
| | | | | | |
| 教师寄语 | | | | | |
| | | | | | |

# 任务 3.3　曳引电动机驱动控制电路的检查与维修

## 任务描述

根据电梯曳引电动机驱动控制电路的结构、原理及《电梯制造与安装安全规范　第 1 部分：乘客电梯和载货电梯》（GB/T 7588.1—2020）对电梯曳引电动机驱动控制电路的相关要求，完成电梯曳引电动机驱动控制电路故障的诊断和排除工作。

## 实施流程

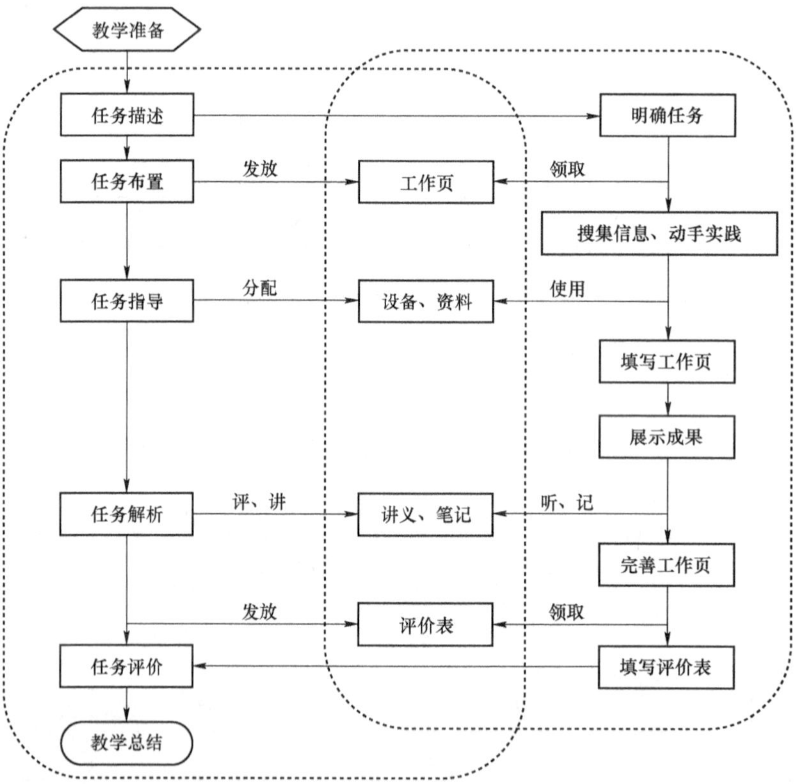


## 教学准备

一、资料准备：电梯曳引电动机驱动控制电路原理图、维修记录表、工作页、评价表。

二、工具准备：安全帽、工作服、多用表、试电笔、螺丝刀（“一”字、“十”字各一把）。

## 工作步骤

<table>
<tr><td>工作页名称</td><td colspan="2">曳引电动机驱动控制电路的检查与维修</td></tr>
<tr><td colspan="3">班级________ 姓名________ 日期________ 成绩________</td></tr>
<tr><td>故障类型</td><td>故障现象</td><td>诊断过程和排除方法</td></tr>
<tr><td>电源型</td><td></td><td></td></tr>
<tr><td>断路型</td><td></td><td></td></tr>
<tr><td>短路型</td><td></td><td></td></tr>
</table>

## 考核评价

**曳引电动机驱动控制电路的检查与维修——考核评价表**

班级________ 姓名________ 日期________ 成绩________

| 序号 | 教学环节 | 参与情况 | 考核内容 | 教学评价 | |
|---|---|---|---|---|---|
| | | | | 自我评价 | 教师评价 |
| 1 | 明确任务 | 参　与【　】<br>未参与【　】 | 领会任务意图 | | |
| | | | 掌握任务内容 | | |
| | | | 明确任务要求 | | |
| 2 | 搜集信息<br>动手实践 | 参　与【　】<br>未参与【　】 | 完成任务操作 | | |
| | | | 搜集任务信息 | | |
| | | | 记录实践数据 | | |
| 3 | 填写工作页 | 参　与【　】<br>未参与【　】 | 明确工作步骤 | | |
| | | | 完成工作任务 | | |
| | | | 填写工作内容 | | |
| 4 | 展示成果 | 参　与【　】<br>未参与【　】 | 聆听成果分享 | | |
| | | | 参与成果展示 | | |
| | | | 提出修改建议 | | |
| 5 | 整理笔记 | 参　与【　】<br>未参与【　】 | 聆听任务解析 | | |
| | | | 整理解析内容 | | |
| | | | 完成学习笔记 | | |
| 6 | 完善工作页 | 参　与【　】<br>未参与【　】 | 自查工作任务 | | |
| | | | 更正错误信息 | | |
| | | | 完善工作内容 | | |
| 备注 | 请在教学评价栏目中填写：A、B 或 C。其中 A—能，B—勉强能，C—不能 | | | | |
| 学生心得 | | | | | |
| | | | | | |
| 教师寄语 | | | | | |
| | | | | | |

# 任务 3.4　开关门电路的检查与维修

## 任务描述

根据电梯开关门电路的结构、原理及《电梯制造与安装安全规范　第 1 部分：乘客电梯和载货电梯》（GB/T 7588.1—2020）对电梯开关门电路的相关要求，完成电梯开关门电路故障的诊断和排除工作。

## 实施流程

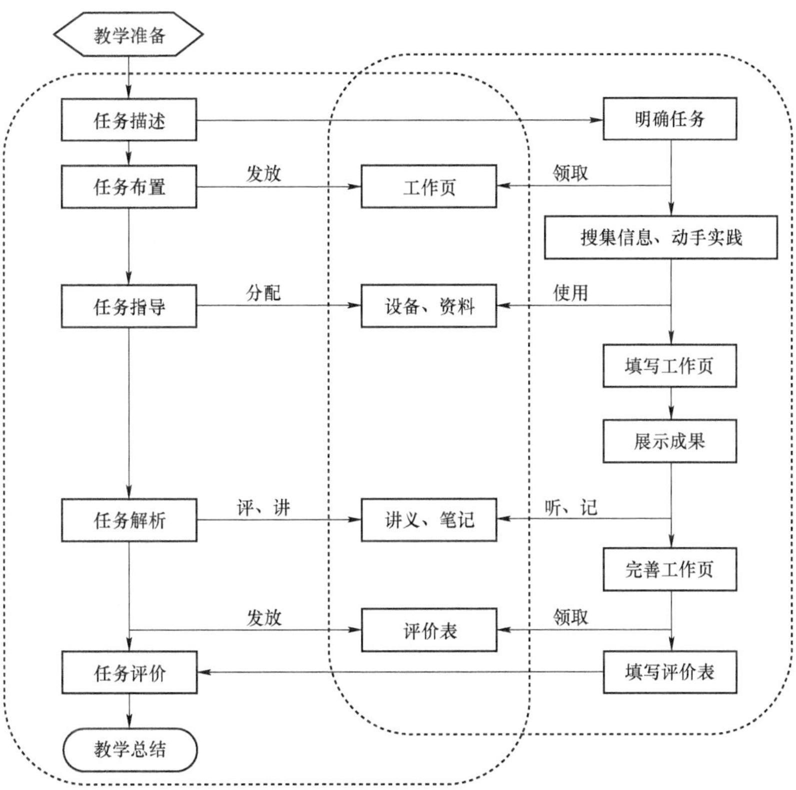


## 教学准备

一、资料准备：电梯开关门电路原理图、维修记录表、工作页、评价表。

二、工具准备：安全帽、工作服、多用表、试电笔、螺丝刀（“一”字、“十”字各一把）。

## 工作步骤

| 工作页名称 | 电梯开关门电路的检查与维修 | |
|---|---|---|
| 班级______ 姓名______ 日期______ 成绩______ | | |
| 故障类型 | 故障现象 | 诊断过程和排除方法 |
| 电源型 | | |
| 断路型 | | |
| 短路型 | | |

## 考核评价

**电梯开关门电路的检查与维修——考核评价表**

班级________ 姓名________ 日期________ 成绩________

| 序号 | 教学环节 | 参与情况 | 考核内容 | 教学评价 | |
|---|---|---|---|---|---|
| | | | | 自我评价 | 教师评价 |
| 1 | 明确任务 | 参　与【　】<br>未参与【　】 | 领会任务意图 | | |
| | | | 掌握任务内容 | | |
| | | | 明确任务要求 | | |
| 2 | 搜集信息<br>动手实践 | 参　与【　】<br>未参与【　】 | 完成任务操作 | | |
| | | | 搜集任务信息 | | |
| | | | 记录实践数据 | | |
| 3 | 填写工作页 | 参　与【　】<br>未参与【　】 | 明确工作步骤 | | |
| | | | 完成工作任务 | | |
| | | | 填写工作内容 | | |
| 4 | 展示成果 | 参　与【　】<br>未参与【　】 | 聆听成果分享 | | |
| | | | 参与成果展示 | | |
| | | | 提出修改建议 | | |
| 5 | 整理笔记 | 参　与【　】<br>未参与【　】 | 聆听任务解析 | | |
| | | | 整理解析内容 | | |
| | | | 完成学习笔记 | | |
| 6 | 完善工作页 | 参　与【　】<br>未参与【　】 | 自查工作任务 | | |
| | | | 更正错误信息 | | |
| | | | 完善工作内容 | | |
| 备注 | 请在教学评价栏目中填写：A、B 或 C。其中 A—能，B—勉强能，C—不能 | | | | |
| 学生心得 | | | | | |
| | | | | | |
| 教师寄语 | | | | | |
| | | | | | |

# 任务 3.5　呼梯与楼层显示电路的检查与维修

## 任务描述

根据电梯呼梯与楼层显示电路的结构、原理及《电梯制造与安装安全规范　第1部分：乘客电梯和载货电梯》（GB/T 7588.1—2020）对电梯呼梯与楼层显示电路的相关要求，完成电梯呼梯与楼层显示电路故障的诊断和排除工作。

## 实施流程

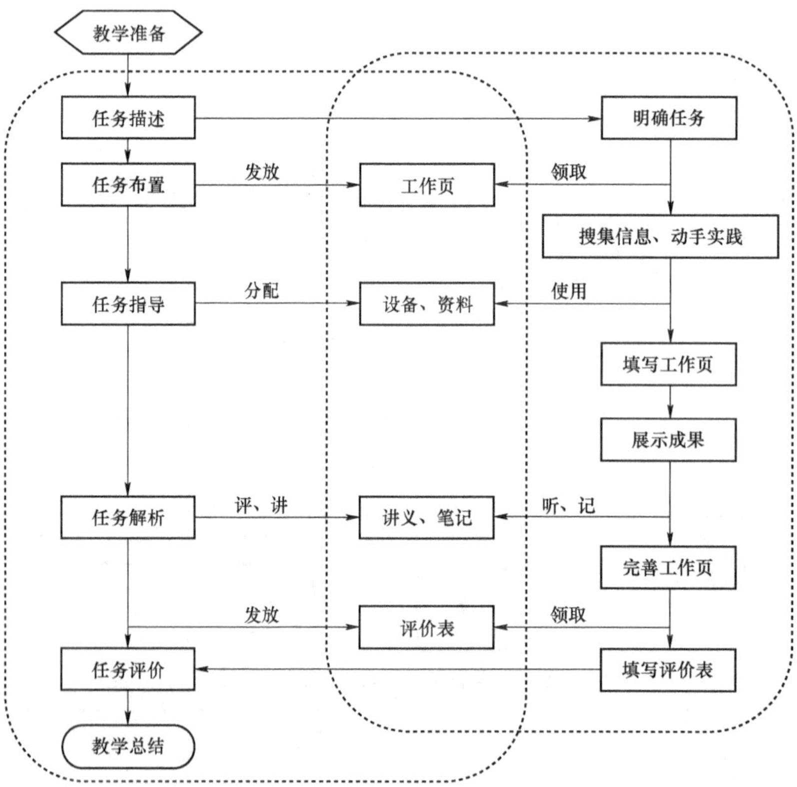


## 教学准备

一、资料准备：电梯呼梯与楼层显示电路原理图、维修记录表、工作页、评价表。

二、工具准备：安全帽、工作服、多用表、试电笔、螺丝刀（“一”字、“十”字各一把）。

## 工作步骤

| 工作页名称 | 呼梯与楼层显示电路的检查与维修 | |
|---|---|---|
| 班级______________ 姓名______________ 日期______________ 成绩______________ | | |
| 故障类型 | 故障现象 | 诊断过程和排除方法 |
| 电源型 | | |
| 断路型 | | |
| 短路型 | | |

## 考核评价

呼梯与楼层显示电路的检查与维修——考核评价表

班级______________ 姓名______________ 日期______________ 成绩______________

<table>
<tr><th rowspan="2">序号</th><th rowspan="2">教学环节</th><th rowspan="2">参与情况</th><th rowspan="2">考核内容</th><th colspan="2">教学评价</th></tr>
<tr><th>自我评价</th><th>教师评价</th></tr>
<tr><td rowspan="3">1</td><td rowspan="3">明确任务</td><td rowspan="3">参　与【　】<br>未参与【　】</td><td>领会任务意图</td><td></td><td></td></tr>
<tr><td>掌握任务内容</td><td></td><td></td></tr>
<tr><td>明确任务要求</td><td></td><td></td></tr>
<tr><td rowspan="3">2</td><td rowspan="3">搜集信息<br>动手实践</td><td rowspan="3">参　与【　】<br>未参与【　】</td><td>完成任务操作</td><td></td><td></td></tr>
<tr><td>搜集任务信息</td><td></td><td></td></tr>
<tr><td>记录实践数据</td><td></td><td></td></tr>
<tr><td rowspan="3">3</td><td rowspan="3">填写工作页</td><td rowspan="3">参　与【　】<br>未参与【　】</td><td>明确工作步骤</td><td></td><td></td></tr>
<tr><td>完成工作任务</td><td></td><td></td></tr>
<tr><td>填写工作内容</td><td></td><td></td></tr>
<tr><td rowspan="3">4</td><td rowspan="3">展示成果</td><td rowspan="3">参　与【　】<br>未参与【　】</td><td>聆听成果分享</td><td></td><td></td></tr>
<tr><td>参与成果展示</td><td></td><td></td></tr>
<tr><td>提出修改建议</td><td></td><td></td></tr>
<tr><td rowspan="3">5</td><td rowspan="3">整理笔记</td><td rowspan="3">参　与【　】<br>未参与【　】</td><td>聆听任务解析</td><td></td><td></td></tr>
<tr><td>整理解析内容</td><td></td><td></td></tr>
<tr><td>完成学习笔记</td><td></td><td></td></tr>
<tr><td rowspan="3">6</td><td rowspan="3">完善工作页</td><td rowspan="3">参　与【　】<br>未参与【　】</td><td>自查工作任务</td><td></td><td></td></tr>
<tr><td>更正错误信息</td><td></td><td></td></tr>
<tr><td>完善工作内容</td><td></td><td></td></tr>
<tr><td>备注</td><td colspan="5">请在教学评价栏目中填写：A、B 或 C。其中 A—能，B—勉强能，C—不能</td></tr>
<tr><td colspan="6">学生心得</td></tr>
<tr><td colspan="6"></td></tr>
<tr><td colspan="6">教师寄语</td></tr>
<tr><td colspan="6"></td></tr>
</table>

## 知识链接

1. 电梯电气控制系统

电梯电气控制系统主要是指对电梯的曳引电动机和门机的启动、运行方向、减速、停止的控制，以及对每层层站显示、层站召唤、轿内指令、安全保护等指令信号进行管理的系统。

电梯电气控制系统一般由控制柜、操纵箱、指示灯箱、召唤箱、限位装置、换速平层装置、轿厢检修箱等部件，以及曳引电动器、制动器、开/关门电动机和开/关门调整装置、极限开关等分散安装在电梯井道内外的相关部件构成。图 3-1 为默纳克 Nice1000 电梯一体化控制系统组成示意图。

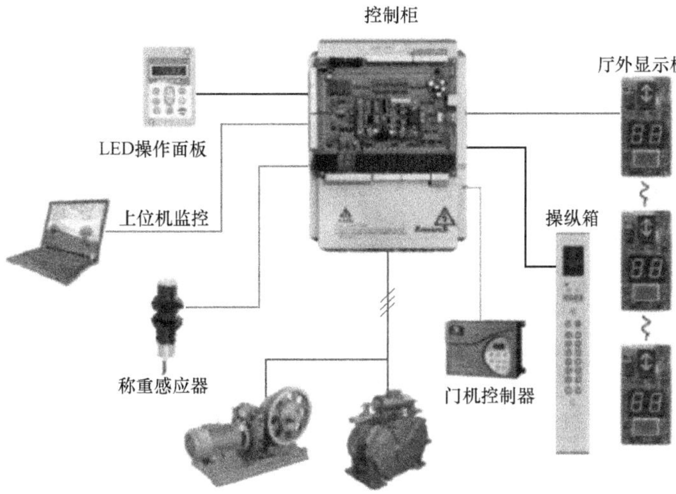


**图 3-1 默纳克 Nice1000 电梯一体化控制系统组成示意图**

电梯电气控制系统从电路功能方面来说，一般包括电梯控制电源电路、照明电路、变频驱动及制动电路、安全与门锁控制电路、主控制电路、检修运行电路、内外呼梯电路、楼层显示电路、门机控制电路和紧急电动运行控制电路等。

2. 控制电源电路

1）电梯电源供电制式

供电制式通常指的是电力传输和分配的方式，不同的制式适用于不同的场合和需求。以下是几种常见的供电制式。

三相三线制：在这种制式下，电源通过 3 个相线（L1、L2、L3）传输电能。这种制式广泛应用于三相电动机供电，并且用电设备的金属外壳需要接地以确保安全。

三相四线制：在这种制式中，除了 3 个相线外，还有 1 个中性线（零线，N）。这种制式非常常见，主要用于 380/220 V 的低压动力与照明混合配电。在三相四线制中，即使零线（N）接地，其电压仍然不为零，因此，零线不能用作工作电路的接零。

三相五线制：这种制式结合了三相四线制的特点，并在其中加入了一个保护接地线（PE 或地线）。在三相五线制中，零线（N）专门用于工作电路的接零，而保护接地线（PE）则用于保护人身安全和设备安全，防止漏电事故发生。

单相二线制：在这种制式中，只使用了两条线，即一条相线（L）和一条零线（N）。这种方式通常在家庭照明支路和两孔插座中使用。

单相三线制：在单相二线制的基础上，增加了一条地线（PE 线），使得零线（N）和工作电路隔离，从而避免了零线带电的风险。

直流供电方式：包括二线制和三线制两种。二线制适用于城市无轨电车、地铁机车、矿山牵引机车等的供电；而三线制则用于发电厂、变电所、配电所的自用电和二次设备用电，以及电解和电镀用电。

图 3-2 为 YL-777 型电梯所采用的供电制式，图 3-3 为 YL-777 型电梯电源箱。

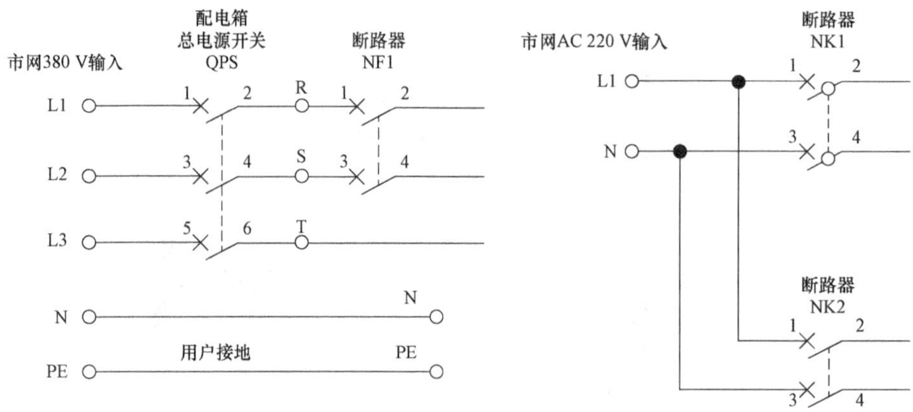


图 3-2　YL-777 型电梯所采用的供电制式

图 3-3　YL-777 型电梯电源箱

图 3-2 中电梯的供电电源选用三相五线制供电，L1、L2、L3 为 3 条相线，N 为中性线，PE 为保护接地线；QPS 为总电源开关（主开关）；NK1、NK2 分别为轿厢和井道用单相电源的控制开关。

《电梯制造与安装安全规范　第 1 部分：乘客电梯和载货电梯》(GB/T 7588.1—2020）规定：

5.10.5　主开关

5.10.5.1　每部电梯都应单独设置能切断该电梯所有供电电路的主开关。该开关应符合 GB/T 5226.1—2019 中 5.3.2a）～d)、5.3.3 的要求。

5.10.5.1.1　主开关不应切断下列供电电路：

a）轿厢照明和通风；

b）轿厢电源插座；

c）机器空间和滑轮间照明；

d）机器空间、滑轮间和底坑电源插座；

e）井道照明。

5.10.5.2　主开关应：

a）具有机房时，设置在机房内。或

b）没有机房时，如果控制柜未设置在井道内，则设置在控制柜内。或

c）没有机房时，如果控制柜设置在井道内，则设置在紧急和测试操作屏上（5.2.6.6）。如果紧急操作屏和测试操作屏是分开的，则设置在紧急操作屏上。

…………

5.10.7　照明与插座

5.10.7.1　轿厢、井道、机器空间、滑轮间与紧急和测试操作屏的照明电源应独立于驱动主机电源，可通过另外的电路或通过与主开关（5.10.5）供电侧的驱动主机供电电路相连，而获得照明电源。

5.10.7.2　轿顶、机器空间、滑轮间及底坑所需的插座电源，应取自 5.10.7.1 所述的电路。

这些插座是 2P+PE 型 250 V，且直接供电。

上述插座的使用并不意味着其电源线应具有相应插座额定电流的截面积，只要导线有适当的过电流保护，其截面积可小一些。

5.10.8　照明和插座电源的控制

5.10.8.1　应具有控制轿厢照明和插座电路电源的开关。如果机房中有几部电梯的驱动主机，则每部电梯均应有一个开关。该开关应邻近相应的主开关。

5.10.8.2　未在井道内的机器空间，应在其入口处设置照明开关，也见 5.2.1.4.2。

井道照明开关（或等效装置）应分别设置在底坑和主开关附近，以便这两个地方均能控制井道照明。

如果轿顶上设置了附加的灯（如 5.2.1.4.1），应连接到轿厢照明电路，并通过轿顶上的开关控制。开关应在易于接近的位置，距检查或维护人员的入口处

不超过 1 m。

5.10.8.3 每个 5.10.8.1 和 5.10.8.2 规定的开关所控制的电路均应具有各自的过流保护装置。

2）YL-777 型电梯控制电源电路的工作原理

YL-777 型电梯控制电源电路有 4 种电压输出形式，分别为 AC 110 V、DC 110 V、AC 220 V 和 DC 24 V。

该电路以主变压器 TR1 为核心，将输入端 AC 380 V 直接转换为 AC 110 V 和 AC 220 V 并输出，同时通过主变压器 TR1 内部的整流装置将 AC 110 V 转换为 DC 110 V 并输出，通过主变压器 TR1 外部的开关型稳压电源 SPS 将 AC 220 V 转换为 DC 24 V 并输出，其中输入端和输出端分别以低压断路器 NF1～NF4 进行控制。

另外，以《电梯制造与安装安全规范　第 1 部分：乘客电梯和载货电梯》（GB/T 7588.1—2020）5.10.7.1 条款规定的形式获得独立于总电源开关 QPS 之外的照明电源，分别由低压断路器 NK1、NK2 控制。表 3-1 为电梯控制电源作用电路（功能）。

**表 3-1　电梯控制电源作用电路（功能）**

| 电源电压 | 作用电路（功能） |
|---|---|
| AC 110 V | 安全回路、门锁回路、运行接触器、抱闸接触器 |
| DC 110 V | 抱闸控制电路 |
| AC 220 V | 门机控制器、光幕控制器、变频器制动电阻散热风扇 |
| DC 24 V | 楼层显示器、平层感应器等其他电梯控制信号 |

3. 安全电路

电气安全电路是串联所有电气安全装置的回路。

《电梯制造与安装安全规范　第 1 部分：乘客电梯和载货电梯》（GB/T 7588.1—2020）规定：

3.49　安全电路 safety circuit

满足电气安全装置要求的电路，包括触点和（或）电子元件。

…………

5.11.2　电气安全装置

5.11.2.1　总则

5.11.2.1.1　当附录 A 给出的电气安全装置中的某一个动作时，应按 5.11.2.4 的规定防止驱动主机启动，或使其立即停止运转。

a）一个或几个满足 5.11.2.2 规定的安全触点。或

b）满足 5.11.2.3 要求的安全电路，包括下列一项或几项：

1）一个或几个满足 5.11.2.2 规定的安全触点；

2）不满足 5.11.2.2 要求的触点；

3）符合 GB/T 7588.2—2020 中 5.15 要求的元件；

4）符合 5.11.2.6 要求的电梯安全相关的可编程电子系统。

…………

5.11.2.2 安全触点

…………

5.11.2.2.2 安全触点的动作应依靠断路装置的肯定断开，甚至两触点熔接在一起也应断开。

安全触点应设计成尽可能减小其组成元件失效而引起短路的风险。

注：肯定断开是指在有效行程内动作触点与操动力所施加的操动器部件之间无弹性件（例如弹簧），使所有触点分断元件处于断开位置。

…………

5.11.2.2.5 对于多分断点的情况，在触点断开后，触点之间的距离不应小于 2 mm。

5.11.2.2.6 导电材料的磨损，不应导致触点短路。

…………

5.11.2.3 安全电路

5.11.2.3.1 安全电路的故障分析应考虑完整的安全电路的故障，包括传感器、信号传输路径、电源、安全逻辑和安全输出。

…………

5.11.2.4 电气安全装置的动作

电气安全装置动作时应立即使驱动主机停止，并防止驱动主机启动。

按照 5.9.2.2.2.3a）、5.9.2.5 和 5.9.3.4 的要求，电气安全装置应直接作用在控制驱动主机供电的设备上。

如果使用符合 5.10.3.1.3 的继电器或接触器式继电器控制驱动主机的供电设备，应按 5.9.2.2.2.3a）、5.9.2.5 和 5.9.3.4.4 的要求，对这些继电器或接触器式继电器进行监测。

…………

5.11.2.6 电梯安全相关的可编程电子系统（PESSRAL）

表 A.1 规定了每个电气安全装置的最低安全完整性等级。

含有按照 5.11.2.6 要求设计的可编程电子系统的安全电路视为满足 5.11.2.3.3 的要求。

PESSRAL 应符合《电梯制造与安装安全规范　第 2 部分：电梯部件的设计原则、计算机检验》（GB/T 7588.2—2020）中 5.16 列出的安全完整性等级（SIL）设计规则。

为了避免不安全改动，应采取措施防止非法访问程序代码和 PESSRAL 的安全相关的数据，例如，采用 EPROM，访问加密等。

如果 PESSRAL 和一个非安全相关系统共用同一印制电路板（PCB），则两个系统的分隔应符合 5.10.3.2 的要求。

如果 PESSRAL 和一个非安全相关系统共用同一硬件，则应符合 PESSRAL 要求。

应能通过内容系统或外部工具识别 PESSRAL 的故障状态。如果该外部工具是专用工具，则应能在电梯现场取得。

《电梯制造与安装安全规范　第 1 部分：乘客电梯和载货电梯》（GB/T 7588.1—2020）附录 A 如下。

**表 A.1　电气安全装置表**

| 条款号 | 所检查的装置 | 最低安全完整性等级（SIL） |
|---|---|---|
| 5.2.1.5.1a） | 底坑停止装置 | 3 |
| 5.2.1.5.2c） | 滑轮间停止装置 | 3 |
| 5.2.2.4 | 检查底坑梯子的存放位置 | 1 |
| 5.2.3.3 | 检查通道门、安全门和检修门的关闭位置 | 2 |
| 5.2.5.3.1c） | 检查轿门的锁紧状况 | 2 |
| 5.2.6.4.3.1b） | 检查机械装置的非工作位置 | 3 |
| 5.2.6.4.3.3e） | 检查检修门的锁紧位置 | 2 |
| 5.2.6.4.4.1d） | 检查所有进入底坑的门的打开状态 | 2 |
| 5.2.6.4.4.1e） | 检查机械装置的非工作位置 | 3 |
| 5.2.6.4.4.1f） | 检查机械装置的工作位置 | 3 |
| 5.2.6.4.5.4a） | 检查工作平台的收回位置 | 3 |
| 5.2.6.4.5.5b） | 检查可移动止停装置的收回位置 | 3 |
| 5.2.6.4.5.5c） | 检查可移动止停装置的伸展位置 | 3 |
| 5.3.9.1 | 检查层门锁紧装置的锁紧位置 | 3 |
| 5.3.9.4.1 | 检查层门的关闭位置 | 3 |
| 5.3.11.2 | 检查无锁门扇的关闭位置 | 3 |
| 5.3.13.2 | 检查轿门的关闭位置 | 3 |
| 5.4.6.3.2 | 检查轿厢安全窗和轿厢安全门的锁紧状况 | 2 |
| 5.4.8b） | 轿顶停止装置 | 3 |
| 5.5.3c）2） | 检查轿厢或对重的提升 | 1 |
| 5.5.5.3a） | 检查钢丝绳或链条的异常相对伸长（使用两根钢丝绳或链条时） | 1 |
| 5.5.5.3b） | 检查强制式和液压电梯的钢丝绳或链条的松弛 | 2 |
| 5.5.6.1c） | 检查防跳装置的动作 | 3 |
| 5.5.6.2f） | 检查补偿绳的张紧 | 3 |
| 5.6.2.1.5 | 检查轿厢安全钳的动作 | 1 |

续表

| 条款号 | 所检查的装置 | 最低安全完整性等级（SIL） |
|---|---|---|
| 5.6.2.2.1.6a） | 检查超速 | 2 |
| 5.6.2.2.1.6b） | 检查限速器的复位 | 3 |
| 5.6.2.2.1.6c） | 检查限速器绳的张紧 | 3 |
| 5.6.2.2.3e） | 检查安全绳的断裂或松弛 | 3 |
| 5.6.2.2.4.2h） | 检查触发杠杆的收回位置 | 2 |
| 5.6.5.9 | 检查棘爪装置的收回位置 | 1 |
| 5.6.5.10 | 采用具有耗能型缓冲装置的棘爪装置的电梯，检查缓冲器恢复至其正常伸出位置 | 3 |
| 5.6.6.5 | 检查轿厢上行超速保护装置 | 2 |
| 5.6.7.7 | 检测门开启情况下轿厢的意外移动 | 2 |
| 5.6.7.8 | 检查门开启情况下轿厢意外移动保护装置的动作 | 1 |
| 5.8.2.2.4 | 检查缓冲器恢复至其正常伸长位置 | 3 |
| 5.9.2.3.1a）3） | 检查可拆卸手动机械装置（盘车手轮）的位置 | 1 |
| 5.10.5.2 | 采用接触器的主开关的控制 | 2 |
| 5.12.1.3 | 检查减行程缓冲器的减速状况 | 3 |
| 5.12.1.4a） | 检查平层、再平层和预备操作 | 2 |
| 5.12.1.5.1.2a） | 检修运行开关 | 3 |
| 5.12.1.5.2.3b） | 检查与检修运行配合使用的按钮 | 1 |
| 5.12.1.6.1 | 紧急电动运行开关 | 3 |
| 5.12.1.8.2 | 层门和轿门触点旁路装置 | 3 |
| 5.12.1.11.1d） | 检修运行停止装置 | 3 |
| 5.12.1.11.1e） | 电梯驱动主机上的停止装置 | 3 |
| 5.12.1.11.1f） | 测试和紧急操作面板上的停止装置 | 3 |
| 5.12.2.2.3 | 检查轿厢位置传递装置的张紧（极限开关） | 1 |
| 5.12.2.2.4 | 检查液压缸柱塞位置传递装置的张紧（极限开关） | 1 |
| 5.12.2.3.1b） | 极限开关 | 1 |
| 注：安全完整性等级（SIL）仅与电梯安全相关的可编程电子系统（PESSRAL）有关（见 5.11.2.6）。 | | |

YL-777 型电梯安全回路电源为 AC 110 V，由相序继电器（NPR）、控制柜急停开关（EST1）、盘车轮开关（PWS）、上极限开关（DTT）、下极限开关（OTB）、缓冲器开关（BUFS）、限速器开关（GOV）、安全钳开关（SFD）、轿顶急停开关（EST3）、轿内急停开关（EST4）、底坑上急停开关（EST2A）、底坑下急停开关（EST2B）、底坑张紧轮开关（GOV1）、安全接触器线圈（MC）等以串联形式构成。

根据《电梯制造与安装安全规范　第 1 部分：乘客电梯和载货电梯》（GB/T 7588.1—2020）要求，电气安全装置动作时应立即使驱动主机停止，并防止驱动主机启动，同时为防止轿厢内人员在意外情况下进出轿厢而出现危险，所以，当电气安全回路中有电气安全装置动作时使安全接触器线圈断电，一方面保证安全接触器主触点控制的变频器断电，停止曳引机的驱动；另一方面保证安全接触器辅助触点控制的 AC 220 V 电源断开向门机控制器的供电，使电梯不能开门，以此来保证电梯的使用安全。

4. 检修运行和紧急电动运行控制电路

《电梯、自动扶梯、自动人行道术语标准》（GB/T 7024—2008）3.2.18 规定：

检修操作 inspection operation

在电梯检修状态下，手动操作检修控制装置使电梯轿厢以检修速度运行的操作。

《电梯制造与安装安全规范　第 1 部分：乘客电梯和载货电梯》（GB/T 7588.1—2020）规定：

5.2.1.5.1　b）永久设置的符合 5.12.1.5 规定的检修运行控制装置，应设置在距离避险空间 0.30 m 范围内，且从其中一个避险空间能够操作。

…………

5.2.6.4.3.4　如果检修门开启时需要从轿厢内移动轿厢，应满足：

a）在检修门的附近，具有可使用的符合 5.12.1.5 规定的检修运行控制装置；

b）仅被授权人员可以接近该检修运行控制装置，例如：将其放置在检修门的后面，并且使被授权人员站在轿顶上时无法使用该装置移动轿厢；

c）如果开口短边的尺寸大于 0.20 m，轿壁上开口的外边缘与面对该开口在井道内安装的设备之间的水平净距离应至少为 0.30 m。

…………

5.2.6.4.5.6　如果需要从平台上移动轿厢，应能够在平台上使用符合 5.12.1.5 规定的检修运行控制装置。

当可移动止停装置处于伸展位置时，轿厢的电动运行应只能通过该检修运行控制装置进行。

…………

5.4.8　a）符合 5.12.1.5 规定的检修运行控制装置，应设置在距离避险空间（见 5.2.5.7.1）0.30 m 范围内，且从其中一个避险空间能够操作。

…………

5.9.2.3.1　如果紧急操作需要采用 5.9.2.2.2.9b）的手动操作，应是下列方式之一：

a）使轿厢移动到层站所需的操作力不大于 150 N 的手动操作机械装置，该机械装置符合下列要求：

1）如果电梯的移动可能带动该装置，则应是一个平滑且无辐条的轮子。

…………

5.9.2.3.3　如果向上移动载有额定载重量的轿厢所需的手动操作力大于 400 N，或者未设置 5.9.2.3.1a）规定的机械装置，则应设置符合 5.12.1.6 规定的紧急电动运行控制装置。

…………

5.12.1.5 检修运行控制

5.12.1.5.1 设计要求

5.12.1.5.1.1 为便于检查和维护，应在下列位置永久设置易于操作的检修运行控制装置：

a）轿顶上［5.4.8a）］；

b）底坑内［5.2.1.5.1b）］；

c）在5.2.6.4.3.4所述的情况下，轿厢内；

d）在5.2.6.4.5.6所述的情况下，平台上。

5.12.1.5.1.2 检修运行控制装置应包括：

a）满足5.11.2要求的开关（检修运行开关）。

该开关应是双稳态的，并应防止意外操作。

b）“上”和“下”方向按钮，清楚地标明运行方向以防止误操作。

c）“运行”按钮，以防止误操作。

d）满足5.12.1.11要求的停止装置。

检修运行控制装置也可与从轿顶上控制门机的能防止意外操作的附加开关相结合。

5.12.1.5.1.3 检修运行控制装置应至少具有IPXXD（见GB/T 4208）防护等级。

旋转控制开关应采取措施防止其固定部件旋转，单独依靠摩擦力应认为是不足够的。

5.12.1.5.2 功能要求

5.12.1.5.2.1 检修运行开关

检修运行开关处于检修位置时，应同时满足下列条件：

a）使正常运行控制失效。

b）使紧急运行控制（5.12.1.6）失效。

c）不能进行平层和再平层（5.12.1.4）。

d）防止动力驱动的门的任何自动运行。门的动力驱动关闭操作应依靠：

1）操作运行方向按钮；或

2）轿顶上控制门机的能防止意外操作的附加开关。

e）轿厢速度不大于0.63 m/s。

f）轿顶上任何站人区域（见5.2.5.7.3）或底坑内的任何站人区域上方的净垂直距离不大于2.0 m时，轿厢速度不大于0.30 m/s。

g）不能超越轿厢正常行程的限制，即不能超过电梯正常运行的停止位置。

h）电梯运行仍依靠安全装置。

i）如果多个检修运行控制装置切换到“检修”状态，操作任一检修运行控制装置，均应不能使轿厢运行，除非同时操作所有切换到“检修”状态的检修运行控制装置上的相同按钮。

j）在 5.2.6.4.3.4 所述的情况下，轿厢内的检修运行开关应使 5.2.6.4.3.3e）规定的电气安全装置失效。

5.12.1.5.2.2　恢复电梯的正常运行

只有操作检修运行开关到正常运行位置，才能使电梯重新恢复正常运行。

此外，通过操作底坑检修运行控制装置，使电梯恢复至正常运行，还应满足下列条件：

a）进出底坑的层门已关闭并锁紧。

b）底坑内所有的停止装置已复位。

c）井道外的电气复位装置应：

1）通过进出底坑层门的紧急开锁装置操作；或

2）通过仅被授权人员可接近的装置。例如，设置在靠近进出底坑层门附近的锁住的柜内。

当与检修运行有关的电路出现 5.11.1.2 列出的单一电路故障时，应采取预防措施防止轿厢的所有意外运行。

5.12.1.5.2.3　按钮

检修运行模式下的轿厢运行应仅依靠持续按压方向按钮和“运行”按钮进行。

应能用一只手同时操作“运行”按钮和一个方向按钮。

检修运行电气安全装置的旁路应采用下列方式之一：

a）串联连接的方向按钮和“运行”按钮。

这些按钮应为 GB/T 14048.5 中规定的下列类型：

——AC−15，用于交流电路的触点；

——DC−13，用于直流电路的触点。

在所适用的机械和电气负载下，应至少能承受 1 000 000 次动作循环。

b）监测方向按钮和“运行”按钮正确操作的符合 5.11.2 的电气安全装置。

5.12.1.5.2.4　检修运行控制装置

检修运行控制装置上应给出下列信息（见图 22）：

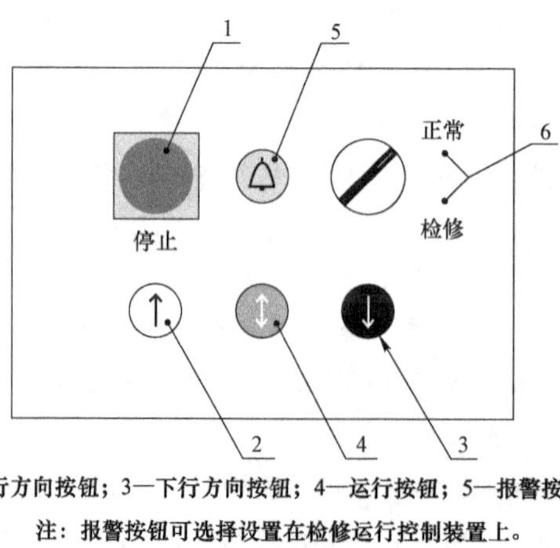


说明：1—停止装置；2—上行方向按钮；3—下行方向按钮；4—运行按钮；5—报警按钮；6—正常/检修转换位置。

注：报警按钮可选择设置在检修运行控制装置上。

图 22　检修运行控制装置的控制元件和象形图示例

a）检修运行开关上（或近旁）应标明“正常”和“检修”字样；

b）通过颜色辨别运行方向，见表17。

**表17 检修运行控制装置的按钮名称和符号**

| 控制 | 按钮颜色 | 符号颜色 | 引用标准 | 符号 |
|---|---|---|---|---|
| 上行 | 白 | 黑 | GB/T 5465.2—2008第3章中的图形符号5022 | ↑ |
| 下行 | 黑 | 白 | GB/T 5465.2—2008第3章中的图形符号5022 | ↓ |
| 运行 | 蓝 | 白 | GB/T 5465.2—2008第3章中的图形符号5023 | ↕ |

5.12.1.6 紧急电动运行功能

5.12.1.6.1 根据5.9.2.3.3的要求，如果需要紧急电动运行，应设置符合5.11.2规定的紧急电动运行开关。驱动主机应由正常的主电源供电或由备用电源供电（如果有）。

应同时满足下列条件：

a）操作紧急电动运行开关后，应允许持续按压具有防止意外操作保护的按钮控制轿厢运行。应清楚地标明运行方向。

b）紧急电动运行开关操作后，除由该开关控制的轿厢运行外，应防止其他任何的轿厢运行。

c）按照下列要求，检修运行一旦实施，紧急电动运行应失效：

1）检修运行过程中，如果紧急电动运行开关动作，则紧急电动运行无效，检修运行的上行、下行和“运行”按钮仍保持有效；

2）紧急电动运行过程中，如果检修运行开关动作，则紧急电动运行变为无效，而检修运行上行、下行和“运行”按钮变为有效。

d）紧急电动运行开关应通过本身或另一符合5.11.2规定的电气开关使下列电气装置失效：

1）用于检查绳或链松弛的电气安全装置装置［见5.5.5.3b）］；

2）轿厢安全钳上的电气安全装置（见5.6.2.1.5）；

3）检查超速的电气安装装置［见5.6.2.2.1.6a）和b）］；

4）轿厢上行超速保护装置上的电气安全装置（见5.6.6.5）；

5）缓冲器上的电气安全装置（见5.8.2.2.4）；

6）极限开关（见5.12.2）。

e）紧急电动运行开关及其操纵按钮应设置在易于直接或通过显示装置

[5.2.6.6.2c)]观察驱动主机的位置。

f）轿厢速度不应大于 0.30 m/s。

5.12.1.6.2　紧急电动运行控制装置应至少具有 IPXXD（见 GB/T 4208）的防护等级。

旋转控制开关应采取措施防止其固定部件旋转，单独依靠摩擦力应认为是不足够的。

YL–777 型电梯设有机房紧急电动功能、轿顶检修功能、轿厢检修功能（选装），电路原理图见附录 A。根据原理图分析可知，轿顶检修、轿厢检修、机房紧急电动中优先级最高的是轿顶检修功能，其次是轿厢检修功能，最低的是机房紧急电动功能。表 3–2 为检修运行功能对照表。

**表 3–2　检修运行功能对照表**

| X4 | X5 | X6 | 功能 |
|---|---|---|---|
| 1 | × | × | 正常运行 |
| 0 | 1 | 0 | 检修上行 |
|  | 0 | 1 | 检修下行 |

当轿顶、轿厢内任一位置的检修运行开关（或紧急电动运行开关）动作后，即 X4=1，电梯即进入检修运行控制模式；当轿顶紧急电动运行开关动作时，紧急电动继电器 JDD 线圈上电，处于安全回路中的常开触点闭合，使安全回路中的上极限开关、下极限开关、缓冲器开关、限速器开关、安全钳开关被短接，此时电梯以紧急电动运行控制模式运行。

例如，当轿顶检修运行开关（INST）未动作时，此时 INST.1 与 INST.2 连接，X4 端口信号为 1，INST.4 悬空，X5、X6 端口无法得到有效信号；当 INST 动作后，INST.1 与 INST.2 断开，INST.2 与 INST.4 接通，使 X4 端口信号为 0，此时若按下轿顶检修公共按钮（TISN）和轿顶慢上按钮（TICU）/轿顶慢下按钮（TICD），X5/X6 端口即可得到有效信号，电梯即以检修运行速度向上/向下运行。同时，当轿顶检修运行开关处于检修位置时，机房紧急电动运行开关 INSM.2 端口悬空，机房紧急电动运行功能失效。

5. 电梯主控制系统

YL–777 型电梯的主控制系统采用的是默纳克 Nice1000 一体化控制器，集成了电梯控制器和矢量变频器的功能，是一个电梯高性能矢量驱动控制系统。在满足电梯标准应用的基础上，可选配提前开关模块、远程监控系统等，拓展更人性化、更智能的其他电梯应用功能。

图 3–4 为默纳克 Nice1000 系列电梯一体化控制器端子分布图。

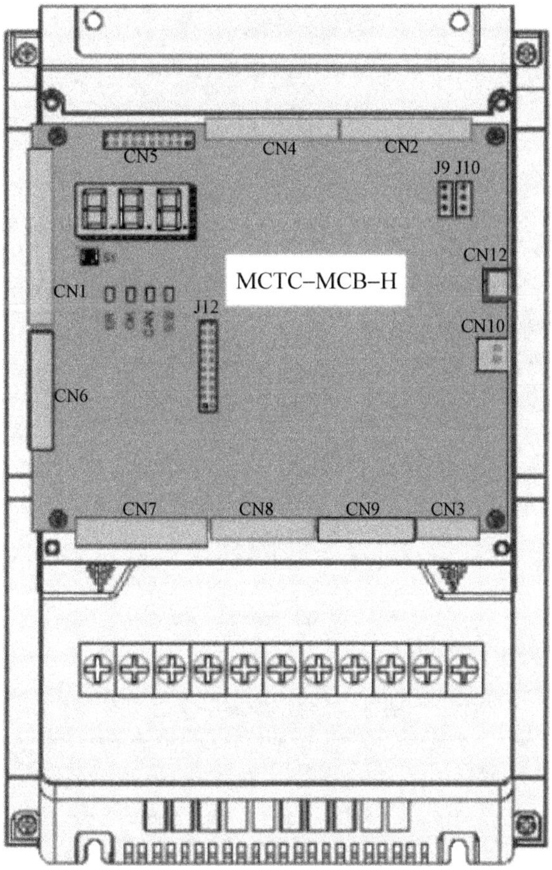


**图 3-4　默纳克 Nice1000 系列电梯一体化控制器端子分布图**

图 3-5 为主回路端子分布。

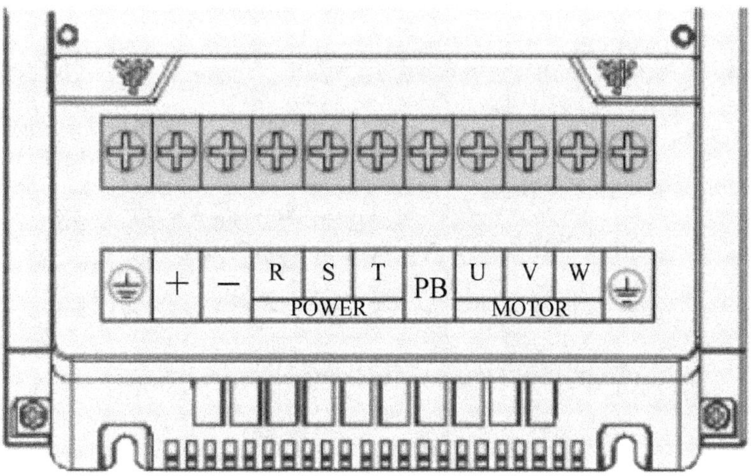


**图 3-5　主回路端子分布**

图 3-6 为 37 kW 以下机型主回路接线。

图 3-7 为 37 kW 及 37 kW 以上机型主回路接线。

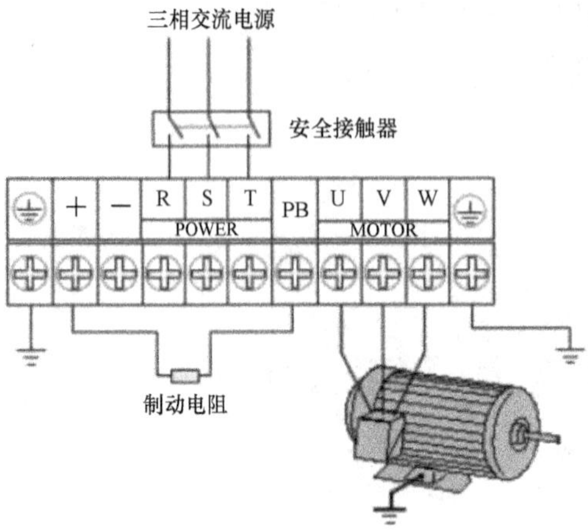


图 3-6　37 kW 以下机型主回路接线

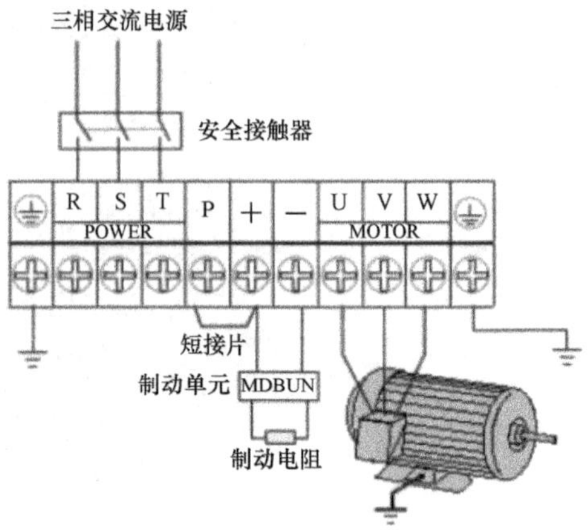


图 3-7　37 kW 及 37 kW 以上机型主回路接线

表 3-3 为主回路端子说明。

**表 3-3　主回路端子说明**

| 标号 | 名称 | 说明 |
|---|---|---|
| R、S、T | 三相电源输入端子 | 交流三相电源输入端子 |
| +、− | 直流母线正负端子 | 37 kW 及 37 kW 以上控制器外置制动单元连接端子及能量回馈单元连接端子 |
| +、PB（P） | 制动电阻连接端子 | +、PB 为 37 kW 以下控制器制动电阻连接端子；<br>+、P 为 37 kW 及 37 kW 以上功率控制器直流电抗器连接端子。<br>（控制器出厂时，+、P 端子自带短接片，若不外接直流，电抗器请勿拆除短接片） |
| U、V、W | 控制器输出驱动端子 | 连接三相电动机 |
| ⏚ | 接地端子 | 接地端子 |

表 3-4 为控制回路端子说明。

**表 3-4 控制回路端子说明**

<table>
<tr><th>标号</th><th>代码</th><th>端子名称</th><th>功能说明</th><th>端子排列</th></tr>
<tr><td rowspan="2">CN2/CN4</td><td>24 V/COM</td><td>外部 DC 24 V 输入</td><td>提供 24 V 电源作为整块板的 24 V 电源</td><td rowspan="2">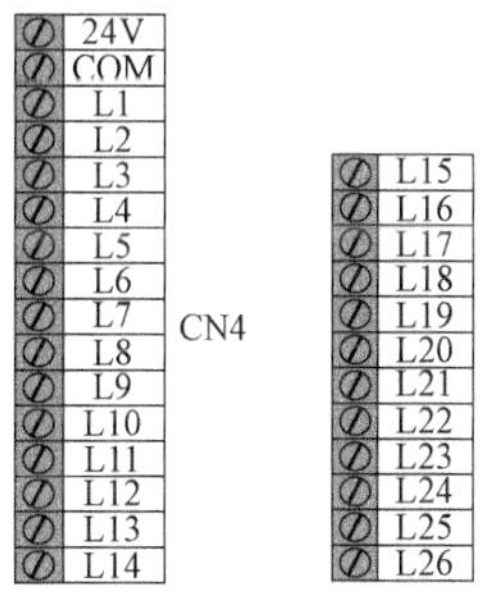
</td></tr>
<tr><td>L1～L26</td><td>按钮功能选择</td><td>按钮输入信号接通与按钮灯输出，输出 24 V 用于按钮照明</td></tr>
<tr><td rowspan="3">CN1/CN6</td><td>24 V/COM</td><td>外部 DC 24 V 输入</td><td>提供 24 V 电源作为整块板的 24 V 电源</td><td rowspan="3">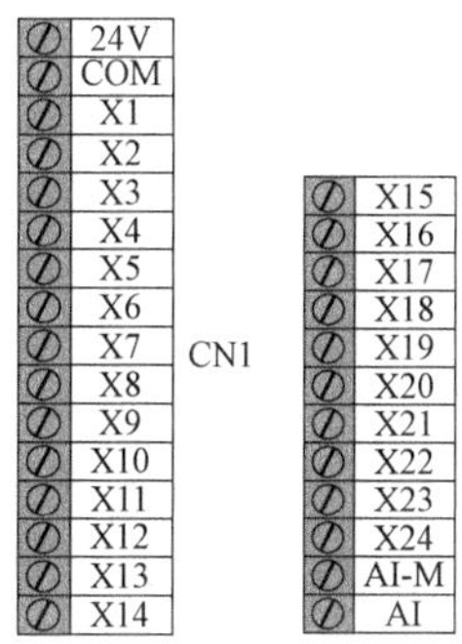
</td></tr>
<tr><td>X1～X24</td><td>开关量信号输入</td><td>输入电压范围：DC 10～30 V；<br>输入阻抗：4.7 kΩ光耦隔离；<br>输入电流限定 5 MA；<br>开关量输入端子，其功能由 F5-01～F5-24 设定</td></tr>
<tr><td>AI-M/AI</td><td>模拟量差分输入</td><td>模拟量称重装置使用</td></tr>
<tr><td rowspan="2">CN7</td><td>X25～X27/XCM</td><td>强电检测端子</td><td>输入电压 AC 110(1±15%)V，DC 110（1±20%）V 安全、门锁反馈回路，对应功能由 F5-25～F5-27 参数设定</td><td rowspan="2">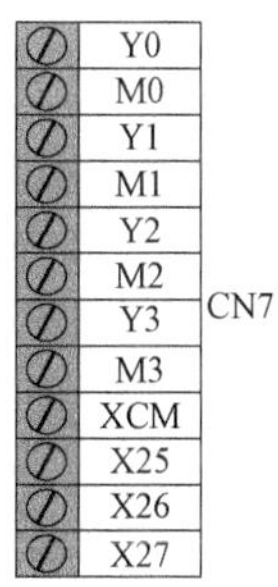
</td></tr>
<tr><td>Y0/M0～Y3-M3</td><td>继电器输出</td><td>继电器常开点输出 5 A/DC 250 V<br>对应功能由 F7-00～F7-03 设定</td></tr>
<tr><td rowspan="2">CN8/CN9</td><td>Y6～Y22</td><td>继电器输出</td><td>继电器常开点输出 5 A/AC 250 V 或 5 A、DC 30 V，对应功能由 F7-06～F7-22 设定</td><td rowspan="2">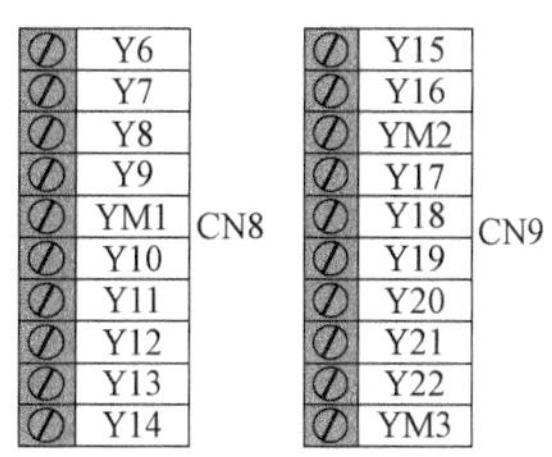
</td></tr>
<tr><td>YM1～YM3</td><td>继电器输出共点</td><td>YM1 为 Y6～Y9 共点，YM2 为 Y10～Y16 共点，YM3 为 Y17～Y22 共点</td></tr>
</table>

续表

| 标号 | 代码 | 端子名称 | 功能说明 | 端子排列 |
|---|---|---|---|---|
| CN3 | MOD+/– | 保留 | 保留 | 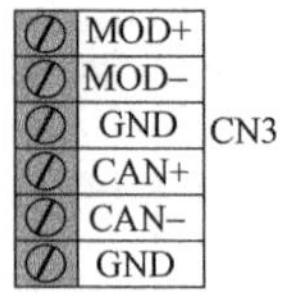 |
| | CAN+/– | CAN总线差分信号 | CAN通信接口，用于并联通信 | |
| | GND | 接地 | 接地 | |
| CN5 | 扩展板MCTC-KZ-D接口 | | | 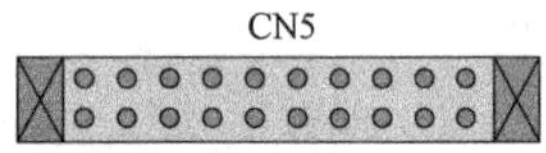 |
| CN10 | USB接口 | 通信接口 | 可外接蓝牙模块用于手机（Android）调试；<br>用于主板程序刻录；<br>用于小区监控 |  |
| CN12 | RJ-45接口 | 操作器接口 | 用于连接数码操作器 |  |
| J12 | PG卡连接端口 | | | 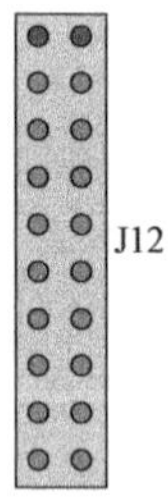 |
| J9/J10 | 厂家使用。请勿随意短接，否则可能无法正常使用 | | | 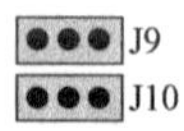 |

表3-5为主控板指示灯说明。

**表3-5　主控板指示灯说明**

| 标号 | 端子名称 | 功能说明 |
|---|---|---|
| ER | 故障指示灯 | 控制器故障报警时点亮（红色） |
| OK | 工作指示灯 | 控制器工作正常时点亮（绿色） |
| CAN | 并联通信指示灯 | 并联通信成功时，常亮（绿色），并联运行正常时闪亮 |
| L1～L16 | 按钮输入信号指示灯 | 按钮输入有效时点亮（绿色） |
| X1～X27 | 开关量输入信号指示灯 | 外围输入信号接通时点亮（绿色） |
| Y0～Y22 | 输出信号指示灯 | 系统有输出时对应指示灯点亮（绿色） |

表 3-6 为功能参数表 1。

**表 3-6　功能参数表 1**

| 功能码 | 名称 | 设定范围 | 缺少值 | 单位 | 操作 |
|---|---|---|---|---|---|
| F5-01 | X1 功能选择 | 1～99（常开），101～199（常闭）<br>00：未使用<br>01：平层 1 信号<br>02：平层 2 信号<br>03：门区信号<br>04：运行输出反馈信号<br>05：抱闸输出反馈信号<br>06：抱闸行程开关反馈信号 1<br>07：封星反馈信号<br>08：封星输出反馈信号<br>09：检修信号<br>10：检修上行信号<br>11：检修下行信号<br>12：一次消防信号<br>13：保留<br>14：锁梯信号<br>15：上限位信号<br>16：下限位信号<br>17：上强迫减速信号<br>18：下强迫减速信号<br>19：超载信号<br>20：满载信号<br>21：急停（安全反馈）信号<br>22：门 1 开门限位信号<br>23：门 2 开门限位信号<br>24：门 1 关门限位信号<br>25：门 2 关门限位信号<br>26：门 1 光幕信号<br>27：门 2 光幕信号<br>28：司机信号<br>29：直达信号<br>30：换向信号<br>31：独立运行信号<br>32：门 2 选择信号<br>33：UPS 输入有效<br>34：开门按钮<br>35：关门按钮<br>36：安全回路<br>37：门锁回路 1<br>38：门锁回路 2<br>39：半载信号<br>40：电机过热<br>41：门 1 触板<br>42：门 2 触板<br>43：地震信号<br>44：后门禁止<br>45：轻载<br>46：单双门选择<br>47：消防基站切换<br>48：假楼层输入<br>49：消防员输入<br>50：抱闸行程反馈 2<br>51～99：保留 | 03 | – | ★ |
| F5-02 | X2 功能选择 | | 104 | – | ★ |
| F5-03 | X3 功能选择 | | 105 | – | ★ |
| F5-04 | X4 功能选择 | | 109 | – | ★ |
| F5-05 | X5 功能选择 | | 10 | – | ★ |
| F5-06 | X6 功能选择 | | 11 | – | ★ |
| F5-07 | X7 功能选择 | | 12 | – | ★ |
| F5-08 | X8 功能选择 | | 14 | – | ★ |
| F5-09 | X9 功能选择 | | 115 | – | ★ |
| F5-10 | X10 功能选择 | | 116 | – | ★ |
| F5-11 | X11 功能选择 | | 117 | – | ★ |
| F5-12 | X12 功能选择 | | 118 | – | ★ |
| F5-13 | X13 功能选择 | | 119 | – | ★ |
| F5-14 | X14 功能选择 | | 22 | – | ★ |
| F5-15 | X15 功能选择 | | 126 | – | ★ |
| F5-16 | X16 功能选择 | | 28 | – | ★ |
| F5-17 | X17 功能选择 | | 30 | – | ★ |
| F5-18 | X18 功能选择 | | 124 | – | ★ |
| F5-19 | X19 功能选择 | | 00 | – | ★ |
| F5-20 | X20 功能选择 | | 00 | – | ★ |
| F5-21 | X21 功能选择 | | 00 | – | ★ |
| F5-22 | X22 功能选择 | | 00 | – | ★ |
| F5-23 | X23 功能选择 | | 00 | – | ★ |
| F5-24 | X24 功能选择 | | 00 | – | ★ |

续表

<table>
<tr><th>功能码</th><th>名称</th><th>设定范围</th><th>缺少值</th><th>单位</th><th>操作</th></tr>
<tr><td>F5-25</td><td>X25 强电输入功能选择</td><td rowspan="3">1～16<br>00：未使用<br>01：安全回路信号<br>02：门锁回路 1 信号<br>03：门锁回路 2 信号<br>04～16：保留</td><td>01</td><td>–</td><td>★</td></tr>
<tr><td>F5-26</td><td>X26 强电输入功能选择</td><td>02</td><td>–</td><td>★</td></tr>
<tr><td>F5-27</td><td>X27 强电输入功能选择</td><td>03</td><td>–</td><td>★</td></tr>
</table>

表 3-7 为功能参数表 2。

**表 3-7　功能参数表 2**

<table>
<tr><th>功能码</th><th>名称</th><th>设定范围</th><th>缺少值</th><th>单位</th><th>操作</th></tr>
<tr><td>F6-11</td><td>L1 功能选择</td><td rowspan="23">00：未使用<br>200～299：门 1 控制参数<br>201～203（门 1 开关门）<br>211～226（门 1 内召）<br>231～245（门 1 上外召）<br>252～266（门 1 下外召）<br>201：门 1 开门按钮<br>202：门 1 关门按钮<br>203：门 1 开门延时按钮<br>204：门 2 选择按钮输入<br>205～210：（保留）<br>211：1 楼门 1 内召唤<br>212：2 楼门 1 内召唤<br>213：3 楼门 1 内召唤<br>214：4 楼门 1 内召唤<br>215：5 楼门 1 内召唤<br>216：6 楼门 1 内召唤<br>217：7 楼门 1 内召唤<br>218：8 楼门 1 内召唤<br>219：9 楼门 1 内召唤<br>220：10 楼门 1 内召唤<br>221：11 楼门 1 内召唤<br>222：12 楼门 1 内召唤<br>223：13 楼门 1 内召唤<br>224：14 楼门 1 内召唤<br>225：15 楼门 1 内召唤<br>226：16 楼门 1 内召唤<br>227～230：保留<br>231：1 楼门 1 上召唤<br>232：2 楼门 1 上召唤<br>233：3 楼门 1 上召唤<br>234：4 楼门 1 上召唤<br>235：5 楼门 1 上召唤<br>236：6 楼门 1 上召唤<br>237：7 楼门 1 上召唤<br>238：8 楼门 1 上召唤</td><td>201</td><td>–</td><td>★</td></tr>
<tr><td>F6-12</td><td>L2 功能选择</td><td>202</td><td>–</td><td>★</td></tr>
<tr><td>F6-13</td><td>L3 功能选择</td><td>203</td><td>–</td><td>★</td></tr>
<tr><td>F6-14</td><td>L4 功能选择</td><td>00</td><td>–</td><td>★</td></tr>
<tr><td>F6-15</td><td>L5 功能选择</td><td>211</td><td>–</td><td>★</td></tr>
<tr><td>F6-16</td><td>L6 功能选择</td><td>212</td><td>–</td><td>★</td></tr>
<tr><td>F6-17</td><td>L7 功能选择</td><td>213</td><td>–</td><td>★</td></tr>
<tr><td>F6-18</td><td>L8 功能选择</td><td>214</td><td>–</td><td>★</td></tr>
<tr><td>F6-19</td><td>L9 功能选择</td><td>215</td><td>–</td><td>★</td></tr>
<tr><td>F6-20</td><td>L10 功能选择</td><td>00</td><td>–</td><td>★</td></tr>
<tr><td>F6-21</td><td>L11 功能选择</td><td>00</td><td>–</td><td>★</td></tr>
<tr><td>F6-22</td><td>L12 功能选择</td><td>00</td><td>–</td><td>★</td></tr>
<tr><td>F6-23</td><td>L13 功能选择</td><td>231</td><td>–</td><td>★</td></tr>
<tr><td>F6-24</td><td>L14 功能选择</td><td>232</td><td>–</td><td>★</td></tr>
<tr><td>F6-25</td><td>L15 功能选择</td><td>233</td><td>–</td><td>★</td></tr>
<tr><td>F6-26</td><td>L16 功能选择</td><td>234</td><td>–</td><td>★</td></tr>
<tr><td>F6-27</td><td>L17 功能选择</td><td>252</td><td>–</td><td>★</td></tr>
<tr><td>F6-28</td><td>L18 功能选择</td><td>253</td><td>–</td><td>★</td></tr>
<tr><td>F6-29</td><td>L19 功能选择</td><td>254</td><td>–</td><td>★</td></tr>
<tr><td>F6-30</td><td>L20 功能选择</td><td>255</td><td>–</td><td>★</td></tr>
<tr><td>F6-31</td><td>L21 功能选择</td><td>00</td><td>–</td><td>★</td></tr>
<tr><td>F6-32</td><td>L22 功能选择</td><td>00</td><td>–</td><td>★</td></tr>
<tr><td>F6-33</td><td>L23 功能选择</td><td>00</td><td>–</td><td>★</td></tr>
</table>

续表

| 功能码 | 名称 | 设定范围 | 缺少值 | 单位 | 操作 |
|---|---|---|---|---|---|
| F6-34 | L24 功能选择 | 239：9 楼门 1 上召唤<br>240：10 楼门 1 上召唤<br>241：11 楼门 1 上召唤<br>242：12 楼门 1 上召唤<br>243：13 楼门 1 上召唤<br>244：14 楼门 1 上召唤<br>245：15 楼门 1 上召唤<br>246～251：<br>252：2 楼门 1 下召唤<br>253：3 楼门 1 下召唤<br>254：4 楼门 1 下召唤<br>255：5 楼门 1 下召唤<br>256：6 楼门 1 下召唤<br>257：7 楼门 1 下召唤<br>258：8 楼门 1 下召唤<br>259：9 楼门 1 下召唤<br>260：10 楼门 1 下召唤<br>261：11 楼门 1 下召唤<br>262：12 楼门 1 下召唤<br>263：13 楼门 1 下召唤<br>264：14 楼门 1 下召唤<br>265：15 楼门 1 下召唤<br>266：16 楼门 1 下召唤<br>267～299：<br>301～299：（门 2 控制参数）<br>301～303：（门 2 开关门）<br>304：门 2 选择按钮灯输出<br>305～310：（保留）<br>311～326：（门 2 内召）<br>327～330：（保留）<br>331～345：（门 2 上外召）<br>346～351：（保留）<br>352～369：（门 2 下外召）<br>370～399：（保留）<br>设置规则同门 1，即：<br>301：门 2 开门按钮<br>302：门 2 关门按钮<br>⋮<br>以此类推 | 00 | – | ★ |
| F6-35 | L25 功能选择 | | 00 | – | ★ |
| F6-36 | L26 功能选择 | | 00 | – | ★ |
| F6-37 | L27 功能选择 | | 00 | – | ★ |
| F6-38 | L28 功能选择 | | 00 | – | ★ |
| F6-39 | L29 功能选择 | | 00 | – | ★ |
| F6-40 | L30 功能选择 | | 00 | – | ★ |
| F6-41 | L31 功能选择 | | 00 | – | ★ |
| F6-42 | L32 功能选择 | | 00 | – | ★ |
| F6-43 | L33 功能选择 | | 00 | – | ★ |
| F6-44 | L34 功能选择 | | 00 | – | ★ |
| F6-45 | L35 功能选择 | | 00 | – | ★ |
| F6-46 | L36 功能选择 | | 00 | – | ★ |
| F6-47 | L37 功能选择 | | 00 | – | ★ |
| F6-48 | L38 功能选择 | | 00 | – | ★ |
| F6-49 | L39 功能选择 | | 00 | – | ★ |
| F6-50 | L40 功能选择 | | 00 | – | ★ |
| F6-51 | L41 功能选择 | | 00 | – | ★ |
| F6-52 | L42 功能选择 | | 00 | – | ★ |
| F6-53 | L43 功能选择 | | 00 | – | ★ |
| F6-54 | L44 功能选择 | | 00 | – | ★ |
| F6-55 | L45 功能选择 | | 00 | – | ★ |
| F6-56 | L46 功能选择 | | 00 | – | ★ |
| F6-57 | L47 功能选择 | | 00 | – | ★ |
| F6-58 | L48 功能选择 | | 00 | – | ★ |
| F6-59 | L49 功能选择 | | 00 | – | ★ |
| F6-60 | L50 功能选择 | | 00 | – | ★ |

表 3-8 为功能参数表 3。

**表 3-8　功能参数表 3**

<table>
<tr><th>功能码</th><th>名称</th><th>设定范围</th><th>缺少值</th><th>单位</th><th>操作</th></tr>
<tr><td>F7-00</td><td>Y0 功能选择</td><td rowspan="4">（Y0 为停电应急运行专用输出点）<br>设定范围：（00～05）或 32<br>00：未使用<br>01：运行接触器输出<br>02：抱闸接触器输出<br>03：抱闸强激输出<br>04：照明、风扇输出<br>05：同步机自锁输出</td><td>00</td><td></td><td></td></tr>
<tr><td>F7-01</td><td>Y1 功能选择</td><td>01</td><td>-</td><td>★</td></tr>
<tr><td>F7-02</td><td>Y2 功能选择</td><td>02</td><td>-</td><td>★</td></tr>
<tr><td>F7-03</td><td>Y3 功能选择</td><td>04</td><td>-</td><td>★</td></tr>
<tr><td>F7-04</td><td>Y4 功能选择</td><td rowspan="24">设定范围：06～99<br>00：未使用<br>06：门 1 开门输出<br>07：门 1 关门输出<br>08：门 2 开门输出<br>09：门 2 关门输出<br>10：低 7 段码 a 显示输出<br>11：低 7 段码 b 显示输出<br>12：低 7 段码 c 显示输出<br>13：低 7 段码 d 显示输出<br>14：低 7 段码 e 显示输出<br>15：低 7 段码 f 显示输出<br>16：低 7 段码 g 显示输出<br>17：上箭头显示输出<br>18：下箭头显示输出<br>19：负号显示输出<br>20：消防到基站信号输出<br>21：蜂鸣器控制输出<br>22：超载输出<br>23：到站钟输出<br>24：满载输出<br>25：检修输出<br>26：照明、风扇输出 2<br>27：封门接触器输出<br>28：BCD、格雷码、7 段高位输出<br>29：一体化正常运行输出<br>30：电锁输出<br>31：保留<br>32：停电应急救援输出<br>33：强迫关门 1<br>34：强迫关门 2<br>35：故障状态<br>36：电梯上行信号<br>37：医用消毒输出<br>38：非门区停车输出<br>39：非服务状态输出<br>40：保留<br>41：高 7 段码 a 显示输出<br>42：高 7 段码 b 显示输出<br>43：高 7 段码 c 显示输出<br>44：高 7 段码 d 显示输出<br>45：高 7 段码 e 显示输出<br>46：高 7 段码 f 显示输出<br>47：高 7 段码 g 显示输出<br>48～99：保留</td><td>00</td><td>-</td><td>★</td></tr>
<tr><td>F7-05</td><td>Y5 功能选择</td><td>00</td><td>-</td><td>★</td></tr>
<tr><td>F7-06</td><td>Y6 功能选择</td><td>06</td><td>-</td><td>★</td></tr>
<tr><td>F7-07</td><td>Y7 功能选择</td><td>07</td><td>-</td><td>★</td></tr>
<tr><td>F7-08</td><td>Y8 功能选择</td><td>08</td><td>-</td><td>★</td></tr>
<tr><td>F7-09</td><td>Y9 功能选择</td><td>09</td><td>-</td><td>★</td></tr>
<tr><td>F7-10</td><td>Y10 功能选择</td><td>10</td><td>-</td><td>★</td></tr>
<tr><td>F7-11</td><td>Y11 功能选择</td><td>11</td><td>-</td><td>★</td></tr>
<tr><td>F7-12</td><td>Y12 功能选择</td><td>12</td><td>-</td><td>★</td></tr>
<tr><td>F7-13</td><td>Y13 功能选择</td><td>13</td><td>-</td><td>★</td></tr>
<tr><td>F7-14</td><td>Y14 功能选择</td><td>00</td><td>-</td><td>★</td></tr>
<tr><td>F7-15</td><td>Y15 功能选择</td><td>00</td><td>-</td><td>★</td></tr>
<tr><td>F7-16</td><td>Y16 功能选择</td><td>25</td><td>-</td><td>★</td></tr>
<tr><td>F7-17</td><td>Y17 功能选择</td><td>17</td><td>-</td><td>★</td></tr>
<tr><td>F7-18</td><td>Y18 功能选择</td><td>18</td><td>-</td><td>★</td></tr>
<tr><td>F7-19</td><td>Y19 功能选择</td><td>19</td><td>-</td><td>★</td></tr>
<tr><td>F7-20</td><td>Y20 功能选择</td><td>20</td><td>-</td><td>★</td></tr>
<tr><td>F7-21</td><td>Y21 功能选择</td><td>21</td><td>-</td><td>★</td></tr>
<tr><td>F7-22</td><td>Y22 功能选择</td><td>22</td><td>-</td><td>★</td></tr>
<tr><td>F7-23</td><td>Y23 功能选择</td><td>00</td><td>-</td><td>★</td></tr>
<tr><td>F7-24</td><td>Y24 功能选择</td><td>00</td><td>-</td><td>★</td></tr>
<tr><td>F7-25</td><td>Y25 功能选择</td><td>00</td><td>-</td><td>★</td></tr>
<tr><td>F7-26</td><td>Y26 功能选择</td><td>00</td><td>-</td><td>★</td></tr>
<tr><td>F7-27</td><td>Y27 功能选择</td><td>00</td><td>-</td><td>★</td></tr>
</table>

6. 楼层显示及门机控制电路

1）楼层显示装置

《电梯、自动扶梯、自动人行道术语》（GB/T 7024—2008）规定：

4.25 轿厢位置显示装置 car position indicator

设置在轿厢内，显示其运行位置和（或）方向的装置。

4.27 层门位置显示装置 landing indicatori；hall position indicator

设置在层门上方或一侧，显示轿厢运行位置和方向的装置。

4.28 层门方向显示装置 landing direction indicator

设置在层门上方或一侧，显示轿厢运行方向的装置。

YL-777 型电梯在轿厢内和各层站均设置一个楼层显示装置，可以显示轿厢运行方向、轿厢当前位置、检修、超载等信息，在轿厢运行过程中，运行方向指示箭头会有滚动效果。

各处楼层显示器模块与主控制系统对应的 Y 端口以并口形式进行连接。其中楼层显示 A、楼层显示 B 以 BCD 码编码，B 为高位，A 为低位，经编码后由 7 段数码管显示为阿拉伯数字。例如，当 B 为 DC 24 V，A 为 0 V 时，显示为 2；当 B 为 0 V，A 为 DC 24 V 时，显示为 1。YL-777 型电梯的楼层显示器选用共阴极数码管，当 A 与 B 同为 0 V 时，数码管为消隐状态，无显示。因为该型电梯只有 2 层 2 站，所以显示为其他内容时均为故障状态。

从原理图（见附录 A16-08）可以看出，滚动信号的使能由抱闸接触器 JBZ 常开触点控制，也就是当 JBZ 线圈上电，常开触点闭合，楼层显示器 ROLL 端口得到 DC 24 V 有效电压，则滚动信号生效，即曳引机松闸时滚动信号生效。

2）门机控制器

电梯门机控制原理图可见附录 A16-09。门机控制器由控制电源电路 AC 220 V 电压提供工作电源，该电压经过变频后，也作为门机驱动电源。

门机控制器的控制部分分为两部分。一是由主控制器向门机控制器发送的开关门指令；二是由门机控制器向主控制器发送的开关门到位信号。

当主控制器 Y6 端口输出开门指令（DC 24 V），门机控制器得到信号后，其中的电子开关接通，由输入公共端向主控制器输出 DC 24 V，至此开门指令生效，门机执行开门动作，当门完全打开之后，门机控制器开门限位输出端 B2 输出 0 V，关门限位输出端 B3 输出 DC 24 V；反之，门完全关闭之后，门机控制器开门限位输出端 B2 输出 DC 24 V，关门限位输出端 B3 输出 0 V。开关门限位输出信号由输出公共端提供 DC 24 V 电源。

3）GB/T 7588.1—2020 的相关规定

5.3.9 层门和轿门的锁紧和紧急开锁

5.3.9.1 层门锁紧装置

5.3.9.1.1 每个层门应设置门锁装置以符合 5.3.8.1 的要求，该装置应具有防止故意滥用的防护。

除了 5.12.1.4 和 5.12.1.8 的情况外，轿厢运行前应将层门有效地锁紧在关闭位置，层门锁紧应由符合 5.11.2 规定的电气安全装置来证实。

5.3.9.1.2　电气安全装置应在锁紧部件啮合不小于 7 mm 时才能动作，见图 12。

单位为毫米

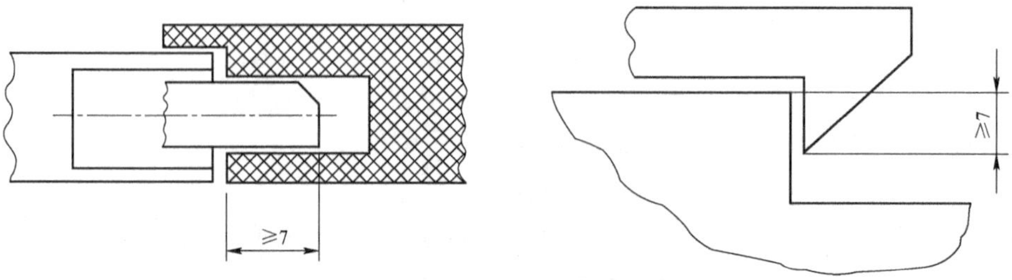


**图 12　锁紧部件示例**

5.3.9.1.3　证实门扇锁紧状态的电气安全装置的元件，应由锁紧部件强制操作而无任何中间机构。

特殊情况：用在潮湿或爆炸性环境中需要做特殊保护的门锁装置，其连接只能是钢性的，机械锁紧部件与电气安全装置的元件之间的连接只能通过故意损坏门锁装置才能被断开。

…………

5.3.9.1.6　锁紧部件的啮合应满足沿着开门方向作用 300 N 力不降低锁紧的性能。

…………

5.3.9.2　轿门锁紧装置

如果轿门需要锁紧［见 5.2.5.3.1c）］，其门锁装置应满足 5.3.9.1 的规定。

该装置应具有防止故意滥用的防护。

该装置是安全部件，应按 GB/T 7588.2—2020 中 5.2 的规定验证。

…………

5.3.9.4　证实层门关闭的电气安全装置

5.3.9.4.1　每个层门应设置符合 5.11.2 规定的电气安全装置，以证实层门的关闭，从而满足 5.3.8.2 所提及的要求。

5.3.9.4.2　在与轿门联动的水平滑动层门的情况下，如果证实层门锁紧状态的装置是依赖于层门的有效关闭，则该装置同时可作为证实层门关闭的装置。

5.3.9.4.3　在铰链式层门的情况下，此装置应设置在靠近门的关闭边缘处或在证实层门关闭状态的机械装置上。

5.3.10　证实层门锁紧状态和关闭状态装置的共同要求

5.3.10.1　在层门未关闭或未锁紧的情况下，从人员正常可接近的位置，用单一的不属于正常操作程序的动作应不能启动电梯。

5.3.10.2　证实锁紧部件位置的装置应动作可靠。

…………

5.3.13 证实轿门关闭的电气安全装置

5.3.13.1 除了 5.12.1.4 和 5.12.1.8 所述情况外，如果轿门（或多扇轿门中的任一门扇）开着，应不能启动电梯或保持电梯继续运行。

5.3.13.2 轿门应设置符合 5.11.2 规定的电气安全装置，以证实轿门的关闭，从而满足 5.3.13.1 中的要求。

## 课后习题

1. 切断电梯主电源的开关，不应影响____________的供电电路。

A. 报警装置　　B. 电梯井道照明

C. 轿顶与底坑的电梯插座　　D. 包括 ABC

2. 由交流电源直接供电的驱动电动机，必须用____________个独立的接触器串联切断电源，当电梯运行停止时，如其中一个接触器的主触点未分断，则下一次反向不能启动。

A. 1　　B. 2　　C. 3　　D. 4

3. 电梯底坑内应有以下装置：____________。【多选】

A. 停止装置　　B. 电源插座　　C. 底坑灯开关　　D. 称重装置

E. 灭火器

4. 电梯的主开关不得切断____________的供电电路。【多选】

A. 轿厢照明和通风　　B. 机房照明和电源插座

C. 轿顶和底坑的插座　　D. 电梯井道照明

E. 报警装置的供电电路

5. ____________是装在机房内，当电梯的运行速度超过额定速度一定值时其动作能导致安全钳动作的安全装置，能产生机械动作，切断控制电路。

A. 电磁制动器　　B. 选层器　　C. 限速器　　D. 缓冲器

6. 限速器上的电气安全装置（电气开关）在轿厢上行和下行两个方向____________时，均能动作。

A. 超速　　B. 超载　　C. 停止　　D. 平层

7. 电梯的安全接触器回路通常包含下列安全开关____________。【多选】

A. 安全钳开关　　B. 急停开关　　C. 上限位开关　　D. 极限开关

E. 限速器开关　　F. 相序继电器　　G. 缓冲器联动开关

8. 当轿厢墩底时，对轿厢起保护作用的安全部件是____________。

A. 轿底防振胶　　B. 强迫减速开关

C. 极限开关　　D. 缓冲器

9. 平层感应器安装在轿顶横梁上，利用装在轿厢导轨上的隔磁板（遮光板），使感应器动作，控制____________。

A. 轿厢上升　　B. 轿厢下降　　C. 轿厢速度　　D. 平层开门

10. 安全触板安装在______________。

A. 厅门上　　B. 轿门上　　C. 轿顶上　　D. 轿底上

11. 下列关于平层术语表达准确的有______________。【多选】

A. 平层是在平层区域内，使轿厢地坎平面与层门地坎平面达到同一平面的运动

B. 平层区是轿厢停靠上方和下方的一段有限区域，在此区域内可以用平层装置来使轿厢运行达到平层要求

C. 平层准确度是轿厢依控制系统指令到达目的层站依靠后，门完全打开，在没有负载变化的情况下，轿厢地坎上平面与层门地坎上平面之间铅垂方向的最大差值

D. 平层保持精度是在电梯装卸过程中轿厢地坎和层门地坎铅垂方向的最大差值

E. 再平层（微动平层）是当电梯停靠开门期间，由于负载变化，检测到轿厢地坎与层门地坎平层差距过大时，电梯自动运行使轿厢地坎与层门地坎再次平层的功能

12. ______________提供一个特定的信号使正在正常运行的电梯立即降至事先设定的楼层，允许消防员或其他特定的人员使用该电梯。

A. 轿厢操纵盘　　B. 厅外按钮　　C. 轿顶检修盒　　D. 消防开关

# 附录 A YL-777 型电梯实训考核装置电气原理图

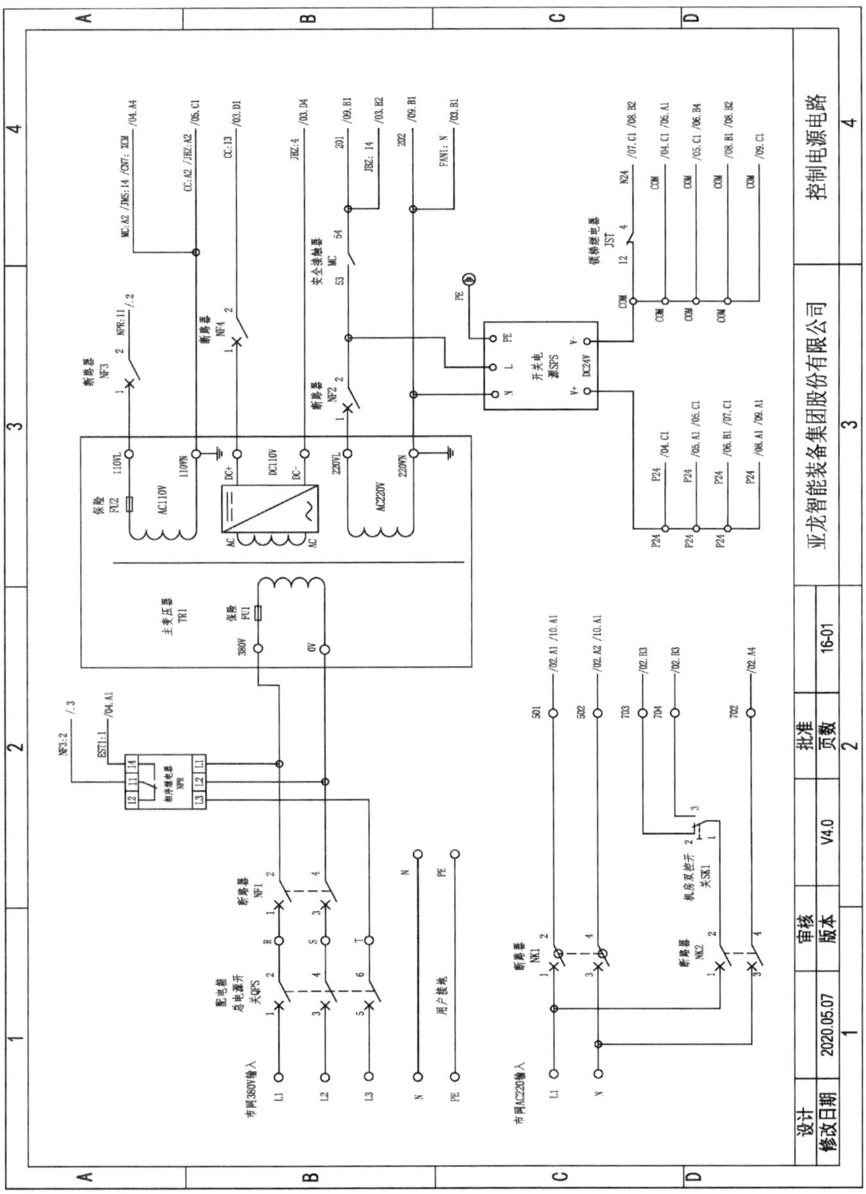

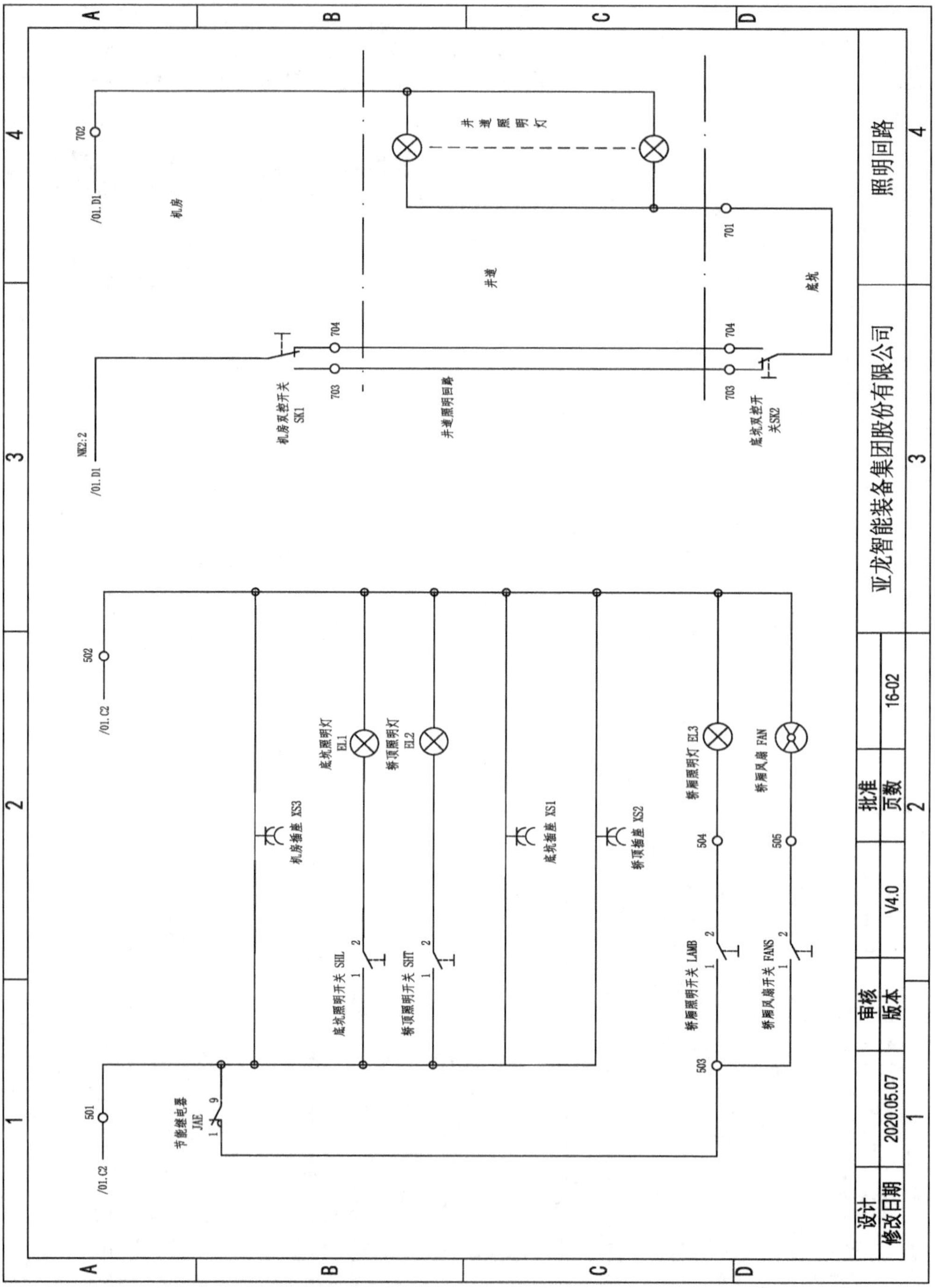
照明回路
亚龙智能装备集团股份有限公司
设计
修改日期
2020.05.07
审核
版本
V4.0
批准
页数
16-02
机房
井道
底坑
井道照明灯
井道照明回路
机房双控开关 SK1
底坑双控开关SK2
机房插座 XS3
底坑插座 XS1
轿顶插座 XS2
底坑照明灯 EL1
轿顶照明灯 EL2
轿厢照明灯 EL3
轿厢风扇 FAN
底坑照明开关 SHL
轿顶照明开关 SHT
轿厢照明开关 LAMB
轿厢风扇开关 FANS
节能继电器 JAE

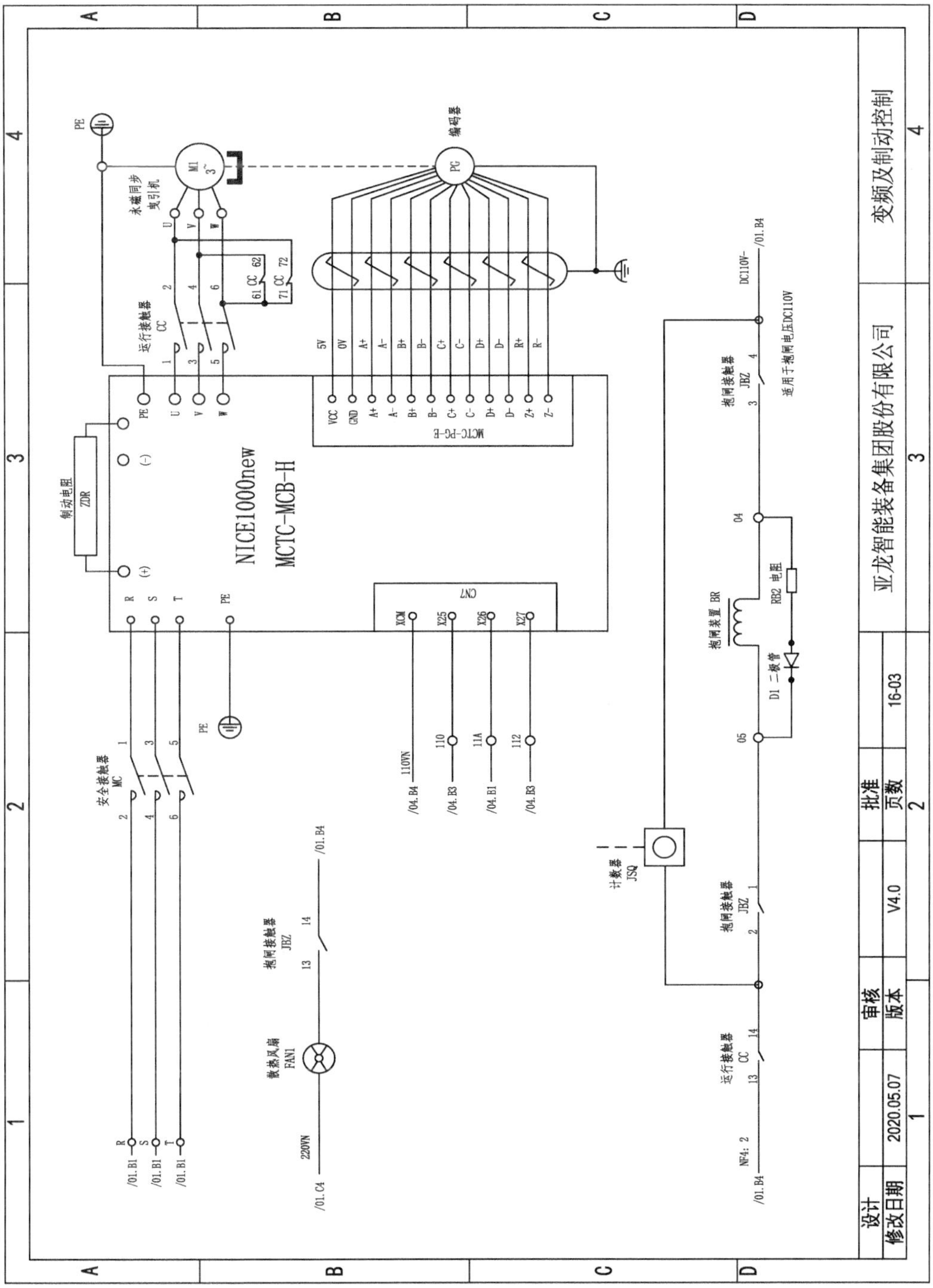
变频及制动控制
亚龙智能装备集团股份有限公司
设计
修改日期
2020.05.07
审核
版本
V4.0
批准
页数
16-03
NICE1000new
MCTC-MCB-H
MCTC-PG-E
CN7
永磁同步曳引机
M1
编码器
PG
运行接触器
CC
安全接触器
MC
制动电阻
ZDR
抱闸接触器
JBZ
抱闸装置 BR
RB2 电阻
D1 二极管
适用于抱闸电压DC110V
DC110V-
计数器
JSQ
散热风扇
FAN1
220VN
110VN
NF4: 2

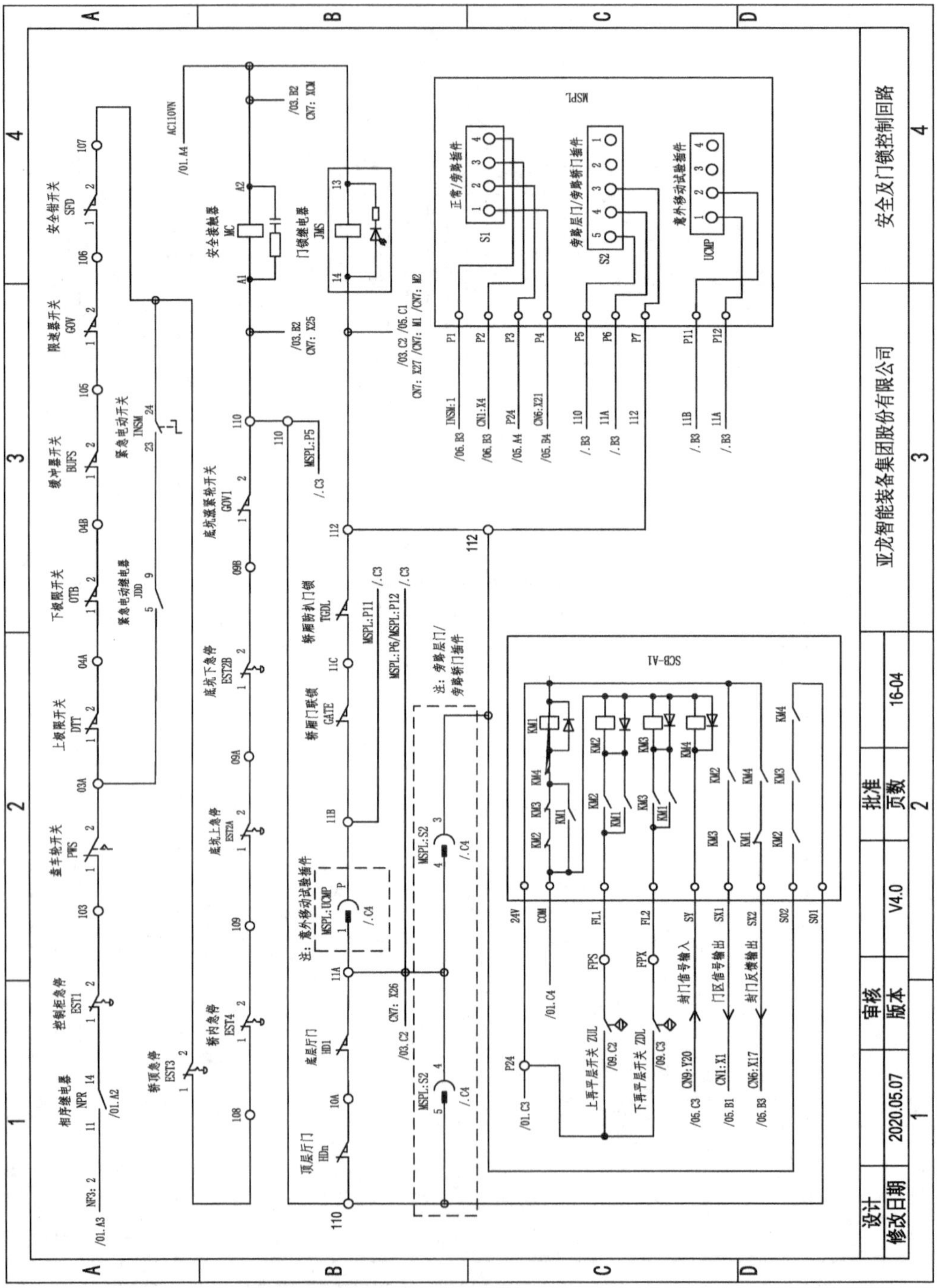
安全及门锁控制回路
亚龙智能装备集团股份有限公司
设计
修改日期
2020.05.07
审核
版本
V4.0
批准
页数
16-04

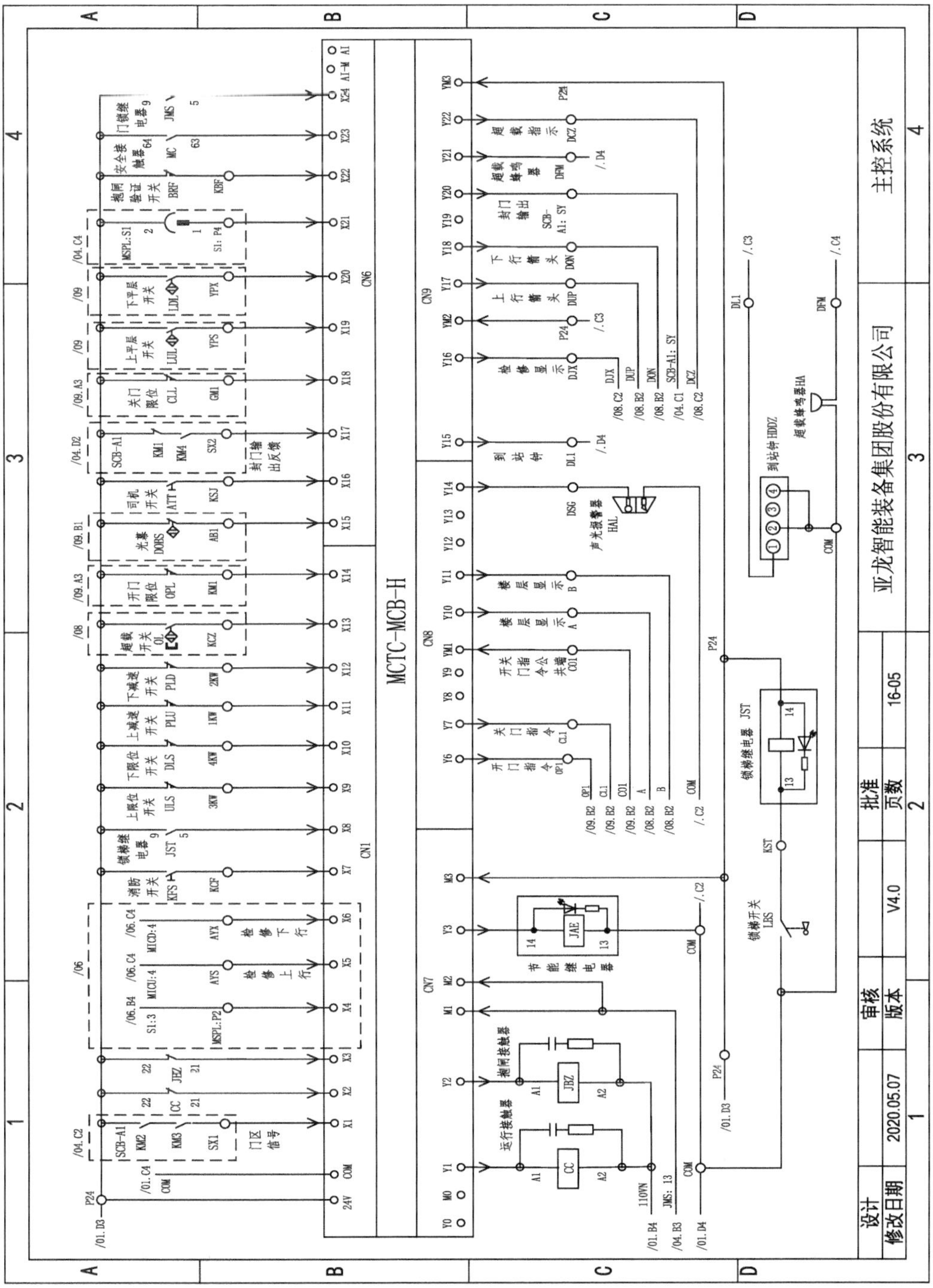
MCTC-MCB-H
亚龙智能装备集团股份有限公司
主控系统
设计
修改日期
2020.05.07
审核
版本
V4.0
批准
页数
16-05

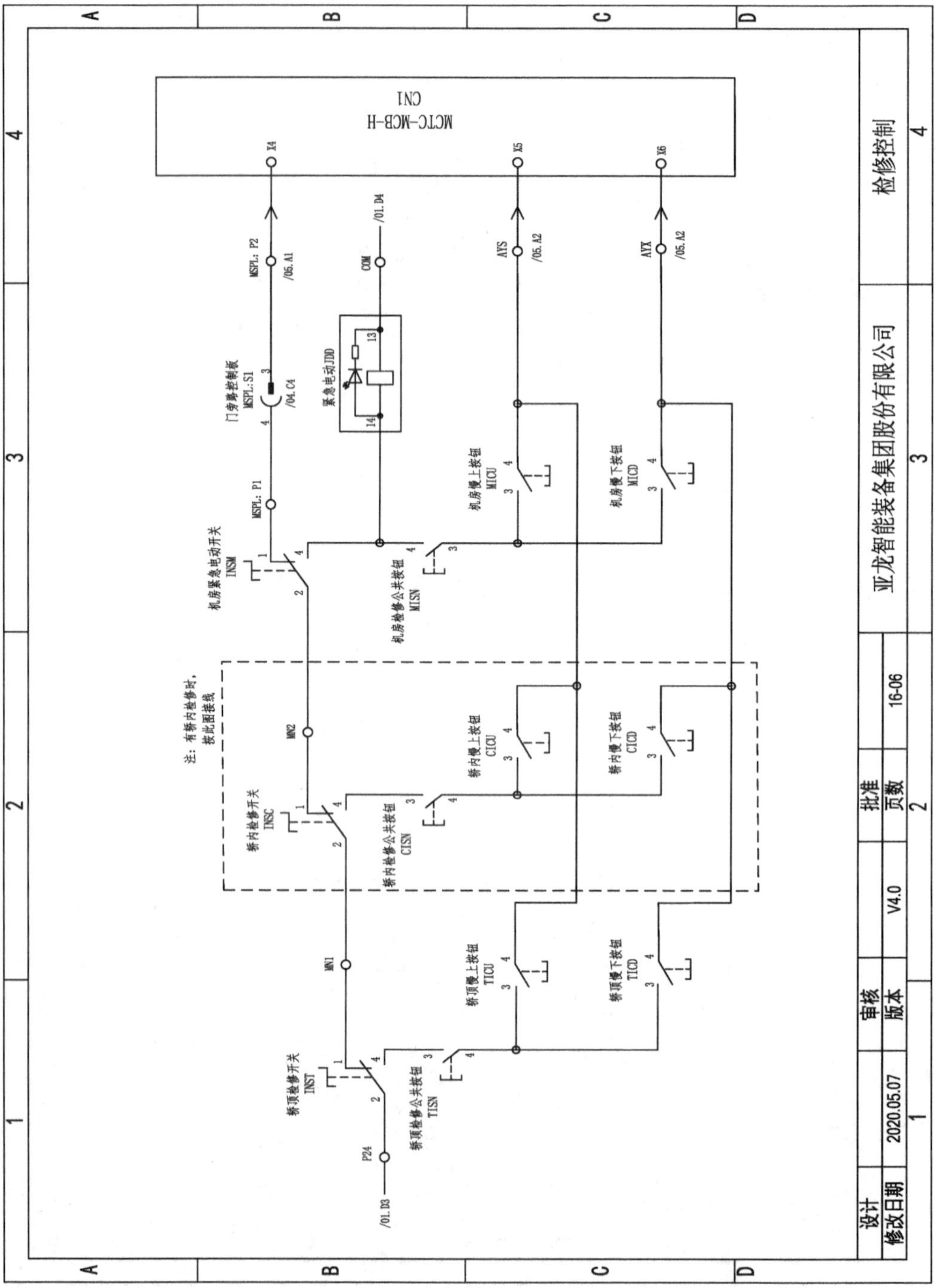
MCTC-MCB-H
CN1
X4
X5
X6
MSPL: P2
/05.A1
COM
/01.D4
AYS
/05.A2
AYX
/05.A2
门旁路控制板
MSPL:S1
/04.C4
紧急电动JDD
MSPL: P1
机房紧急电动开关
INSM
机房检修公共按钮
MISN
机房慢上按钮
MICU
机房慢下按钮
MICD
注：有轿内检修时，拔此回接线
MN2
轿内检修开关
INSC
轿内检修公共按钮
CISN
轿内慢上按钮
CICU
轿内慢下按钮
CICD
MN1
轿顶检修开关
INST
轿顶检修公共按钮
TISN
轿顶慢上按钮
TICU
轿顶慢下按钮
TICD
P24
/01.D3
检修控制
亚龙智能装备集团股份有限公司
设计
修改日期
2020.05.07
审核
版本
V4.0
批准
页数
16-06

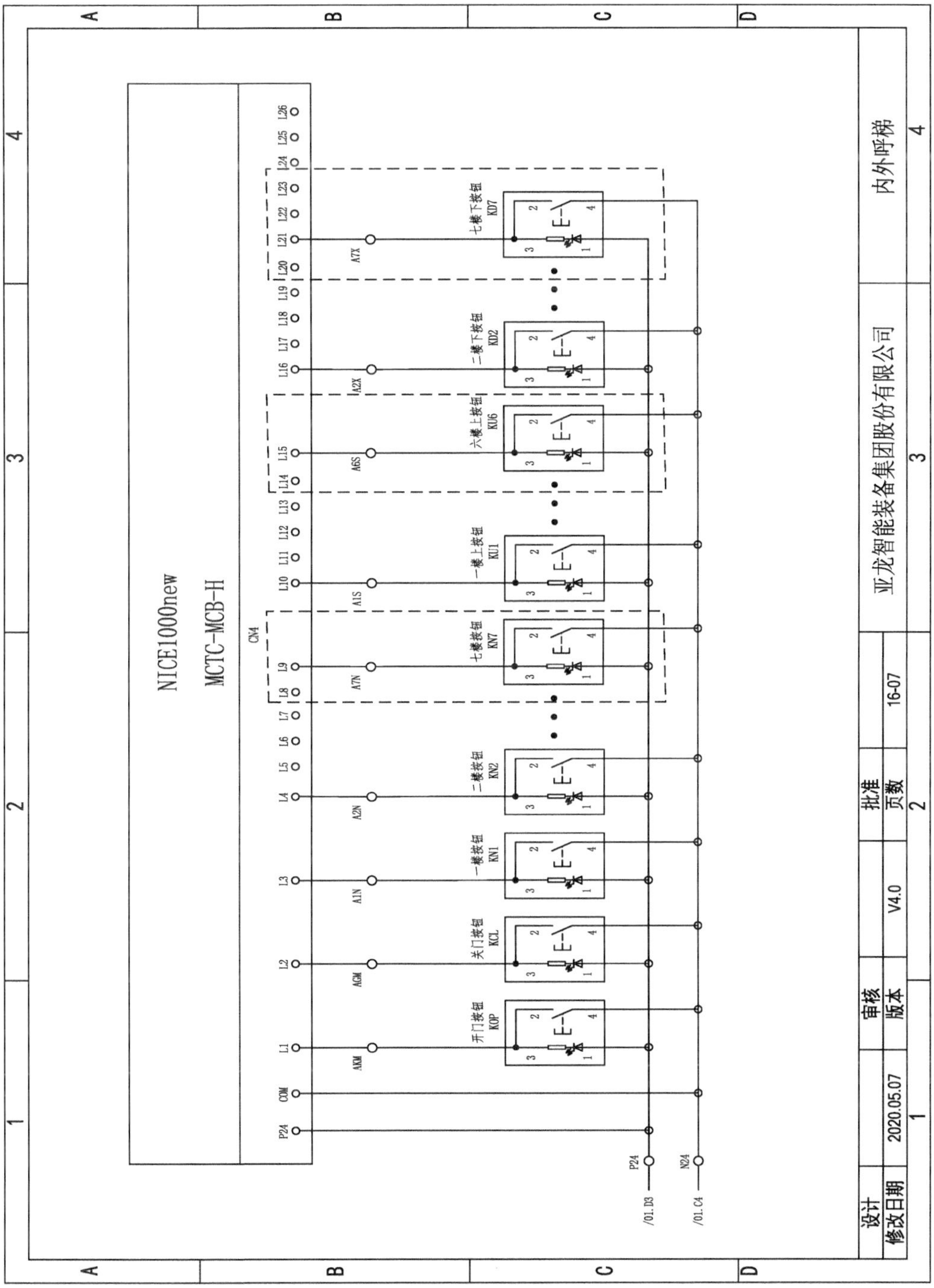
NICE1000new
MCTC-MCB-H
CN4
开门按钮 KOP
关门按钮 KCL
一楼按钮 KN1
二楼按钮 KN2
七楼按钮 KN7
一楼上按钮 KU1
六楼上按钮 KU6
二楼下按钮 KD2
七楼下按钮 KD7
AKM
AGM
A1N
A2N
A7N
A1S
A6S
A2X
A7X
P24
COM
N24
/01.D3
/01.C4
内外呼梯
亚龙智能装备集团股份有限公司
设计
修改日期
2020.05.07
审核
版本
V4.0
批准
页数
16-07

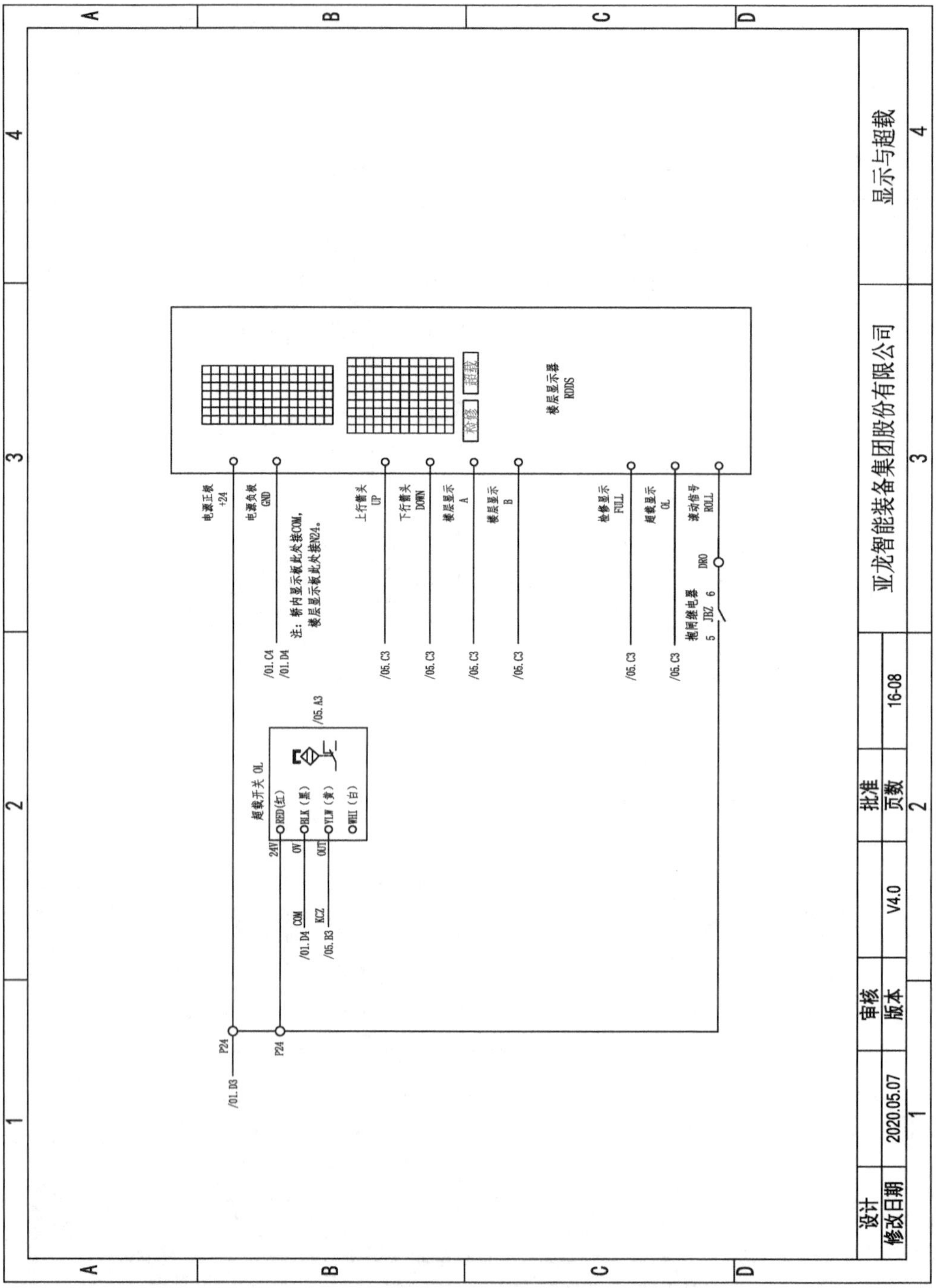
显示与超载
亚龙智能装备集团股份有限公司
设计
修改日期
2020.05.07
审核
版本
V4.0
批准
页数
16-08
楼层显示器
RDDS
超载开关 OL
注：轿内显示板此处接COM，
楼层显示板此处接N24。

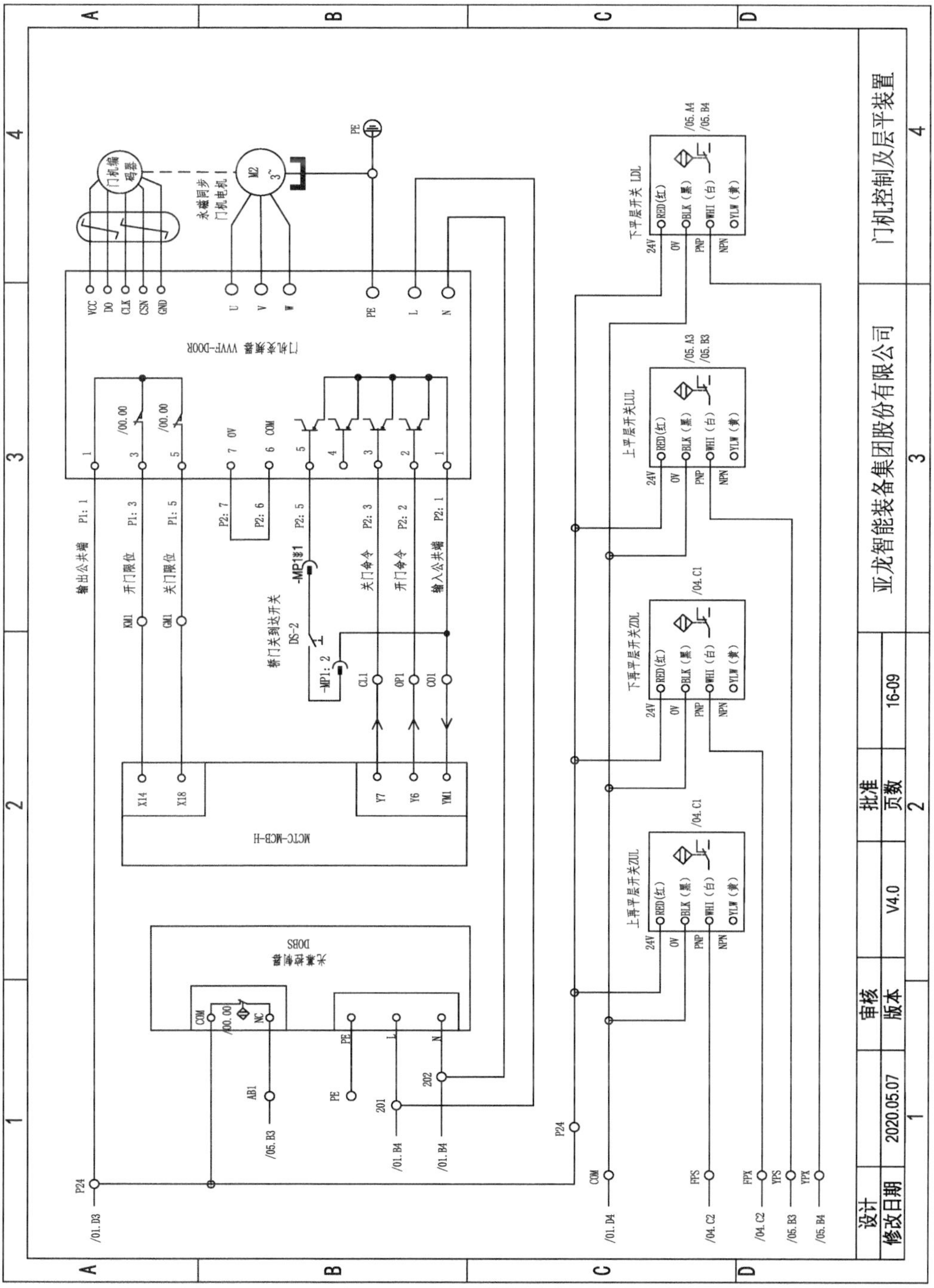
门机控制及层平装置
亚龙智能装备集团股份有限公司
设计
修改日期
2020.05.07
审核
版本
V4.0
批准
页数
2
16-09
门机变频器 VVVF-DOOR
MCTC-MCB-H
下平层开关 LDL
上平层开关LUL
下再平层开关ZDL
上再平层开关ZUL

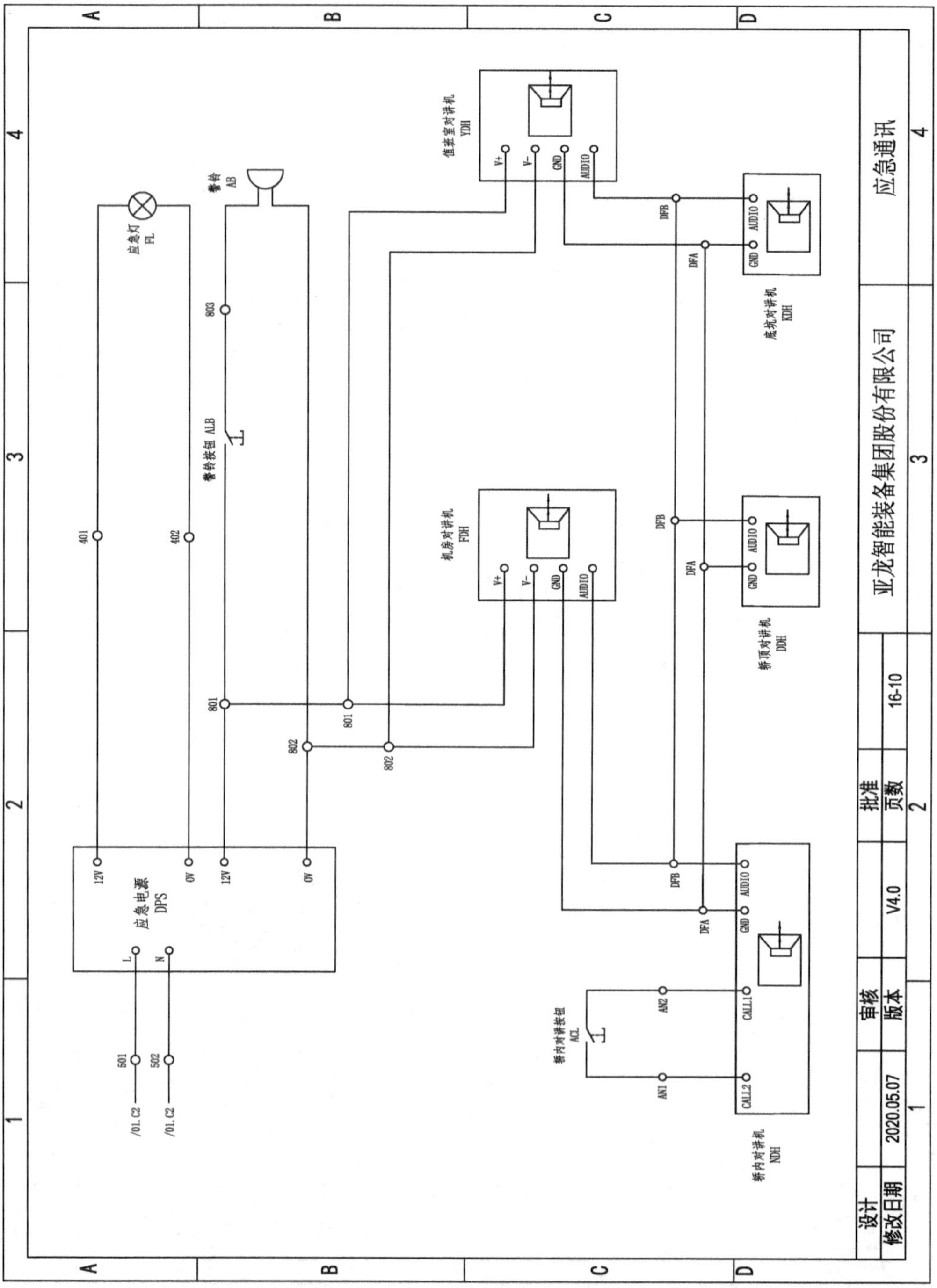

应急通讯
亚龙智能装备集团股份有限公司
设计
修改日期
2020.05.07
审核
版本
V4.0
批准
页数
16-10

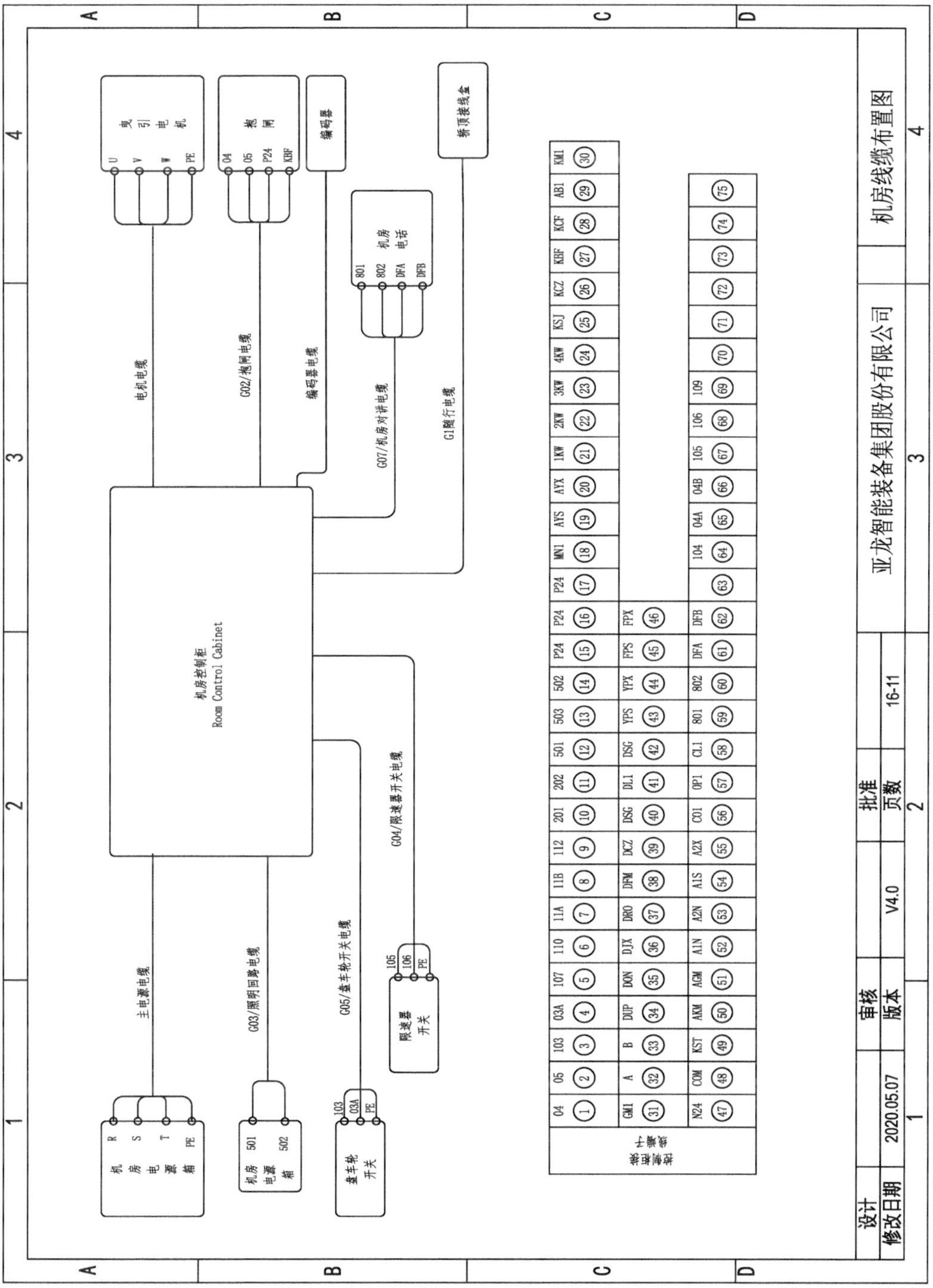
机房电源箱
R S T PE
机房电源箱
501 502
盘车轮开关
103 03A PE
限速器开关
105 106 PE
主电源电缆
G03/照明回路电缆
G05/盘车轮开关电缆
G04/限速器开关电缆
机房控制柜
Room Control Cabinet
电机电缆
G02/抱闸电缆
编码器电缆
G07/机房对讲电缆
G1随行电缆
曳引电机
U V W PE
抱闸
04 05 P24 KBF
编码器
机房电话
801 802 DFA DFB
轿顶接线盒
控制柜端子
设计
修改日期
2020.05.07
审核
版本
V4.0
批准
页数
16-11
亚龙智能装备集团股份有限公司
机房线缆布置图

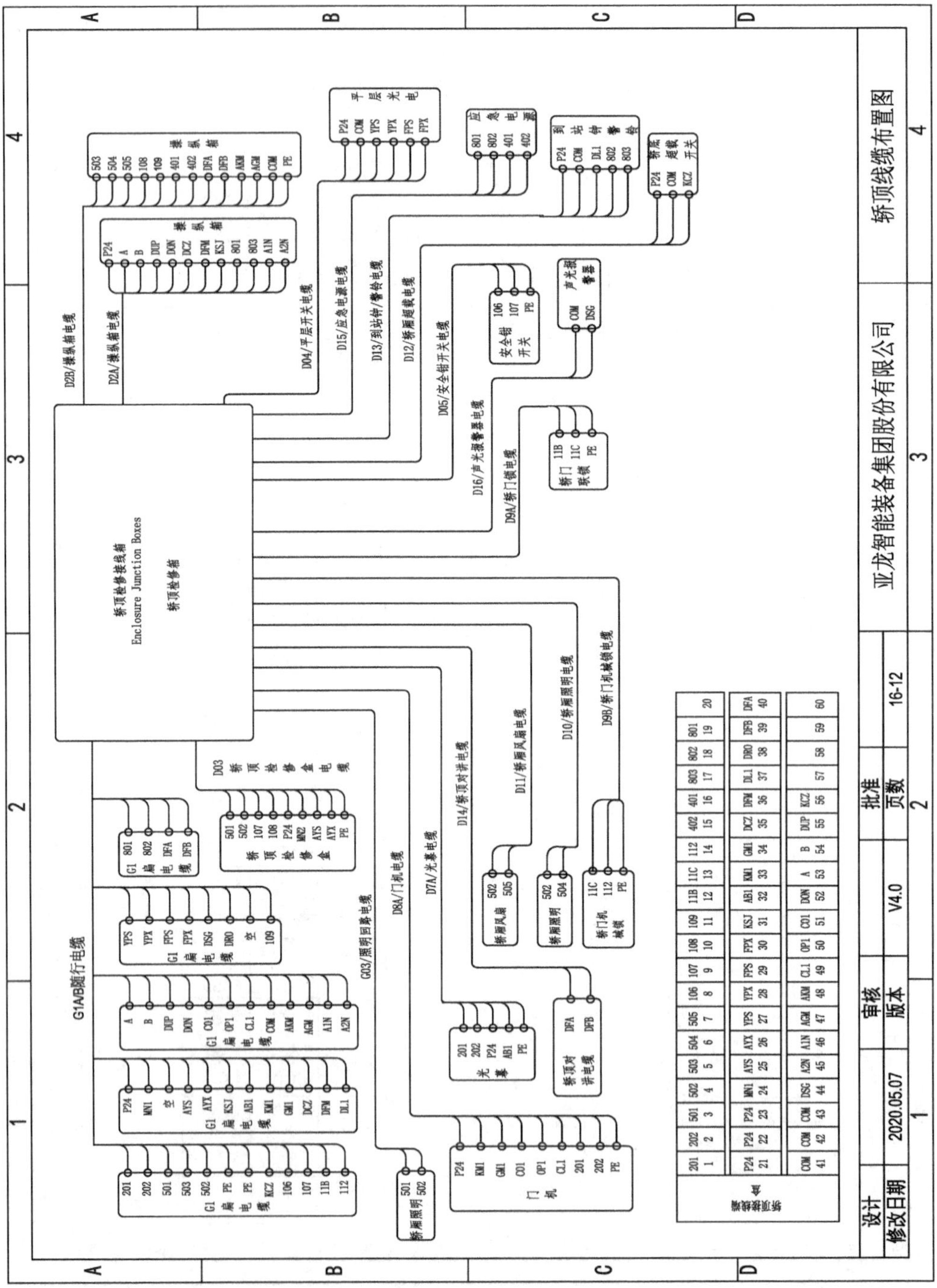
轿顶线缆布置图
亚龙智能装备集团股份有限公司
设计
修改日期
2020.05.07
审核
版本
V4.0
批准
页数
16-12
Enclosure Junction Boxes

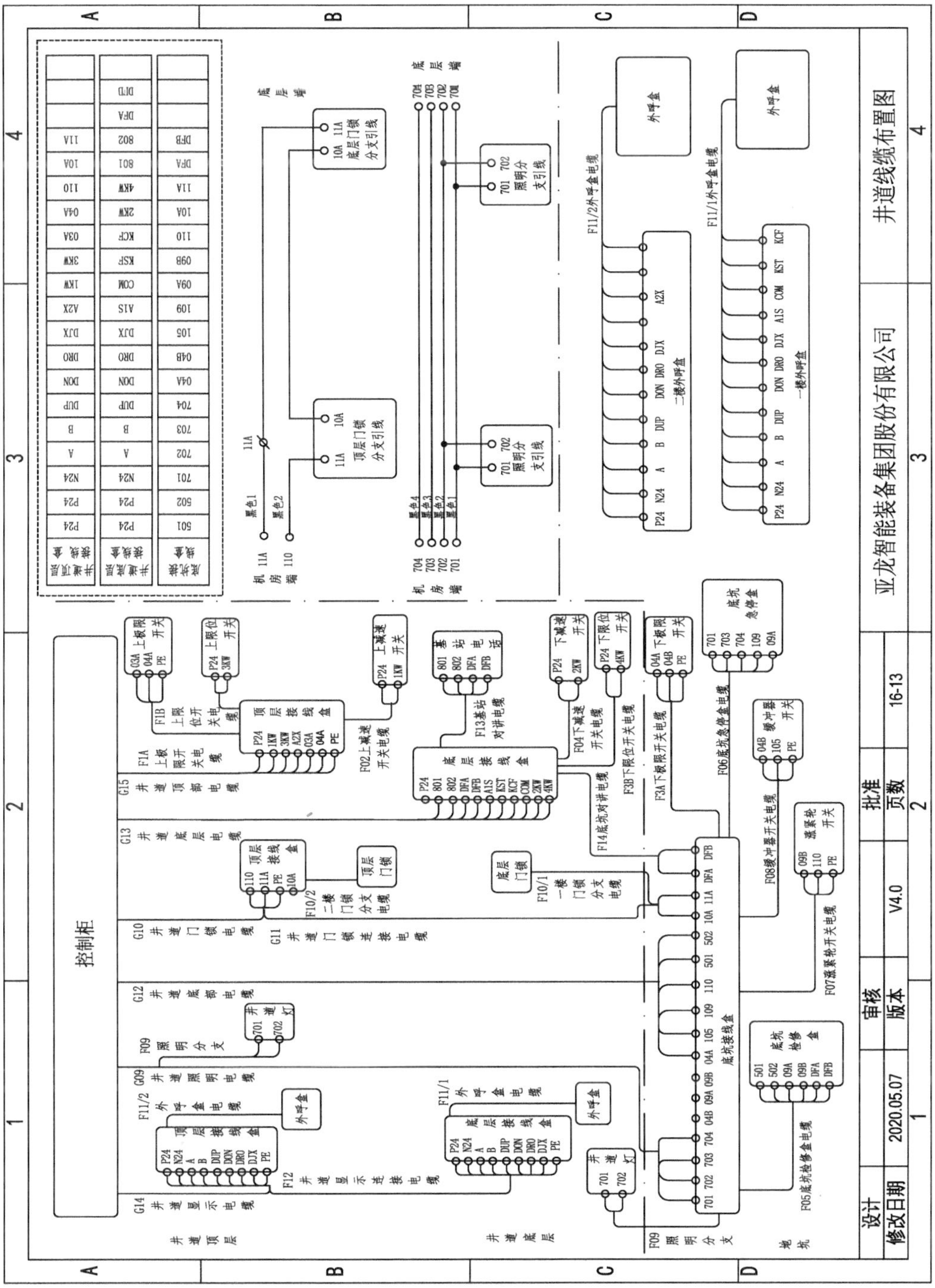

控制柜
井道线缆布置图
亚龙智能装备集团股份有限公司
设计
修改日期
2020.05.07
审核
版本
V4.0
批准
页数
16-13

G1随行电缆 48*0.75

| 电缆号 | 号码管 | 解释 |
|---|---|---|
| 灰色1 | 201 | AC220V电源 |
| 灰色2 | 202 | AC220V电源 |
| 灰色3 | 501 | AC220V电源 |
| 灰色4 | 503 | AC220V电源 |
| 灰色5 | 502 | AC220V电源 |
| 灰色6 | PE | 接地 |
| 灰色7 | PE | 接地 |
| 灰色8 | KCZ | 超载开关 |
| 灰色9 | 106 | 安全回路 |
| 灰色10 | 107 | 安全回路 |
| 灰色11 | 11B | 门锁回路 |
| 灰色12 | 112 | 门锁回路 |
| 电缆号 | 号码管 | 解释 |
| 橙色1 | P24 | DC24V正极 |
| 橙色2 | MN1 | 检修 |
| 橙色3 | 空 | |
| 橙色4 | AYS | 上行 |
| 橙色5 | AYX | 下行 |
| 橙色6 | KSJ | 司机 |
| 橙色7 | AB1 | 光幕 |
| 橙色8 | KM1 | 开门到位 |
| 橙色9 | GM1 | 关门到位 |
| 橙色10 | DCZ | 超载指示 |
| 橙色11 | DFM | 蜂鸣器 |
| 橙色12 | DL1 | 到站钟 |
| 电缆号 | 号码管 | 解释 |
| 白色1 | A | 楼层显示1 |
| 白色2 | B | 楼层显示2 |
| 白色3 | DUP | 上箭头 |
| 白色4 | DON | 下箭头 |
| 白色5 | C01 | 门指令公共端 |
| 白色6 | OP1 | 开门指令 |
| 白色7 | CL1 | 关门指令 |
| 白色8 | COM | DC24V负极 |
| 白色9 | AKM | 开门按钮 |
| 白色10 | AGM | 关门按钮 |
| 白色11 | A1N | 1楼按钮 |
| 白色12 | A2N | 2楼按钮 |

G1随行电缆 48*0.75

| 电缆号 | 号码管 | 解释 |
|---|---|---|
| 黑色1或蓝色1 | YPS | 上平层 |
| 黑色2或蓝色2 | YPX | 下平层 |
| 黑色3或蓝色3 | FPS | 上再平层 |
| 黑色4或蓝色4 | FPX | 下再平层 |
| 黑色5或蓝色5 | DSG | 声光报警 |
| 黑色6或蓝色6 | DRO | 显示滚动信号 |
| 黑色7或蓝色8 | 空 | |
| 黑色8或蓝色8 | 109 | 安全回路 |
| 黑色9或蓝色9 | 801 | DC12V正极 |
| 黑色10或蓝色10 | 802 | DC12V负极 |
| 黑色11或蓝色11 | DFA | 电话机信号 |
| 黑色12或蓝色12 | DFB | 电话机信号 |

G02/抱闸电缆 4*0.752

| 电缆号 | 号码管 | 解释 |
|---|---|---|
| 黑色1 | 04 | DC110V负极 |
| 黑色2 | 05 | DC110V正极 |
| 黑色3 | P24 | 信号公共端 |
| 黑色4 | KBF | 抱闸验证 |

G03/照明回路电缆 2*0.752

| 电缆号 | 号码管 | 解释 |
|---|---|---|
| 黑色1 | 501 | 轿厢照明火线 |
| 黑色2 | 502 | 轿厢照明零线 |

G04/限速器开关电缆 2*0.752+1*1.52

| 电缆号 | 号码管 | 解释 |
|---|---|---|
| 黑色1 | 105 | 限速器开关 |
| 黑色2 | 106 | 限速器开关 |
| 黄绿色 | PE | 接地 |

G05/盘车轮开关电缆 2*0.752+1*1.52

| 电缆号 | 号码管 | 解释 |
|---|---|---|
| 黑色1 | 103 | 盘车轮开关 |
| 黑色2 | 03A | 盘车轮开关 |
| 黄绿色 | PE | 接地 |

G07/机房对讲电缆 4*0.752

| 电缆号 | 号码管 | 解释 |
|---|---|---|
| 黑色1 | 801 | DC12V正极 |
| 黑色2 | 802 | DC12V负极 |
| 黑色3 | DFA | 电话机信号 |
| 黑色4 | DFB | 电话机信号 |

G09/井道照明电缆 4*0.752

| 电缆号 | 号码管 | 解释 |
|---|---|---|
| 黑色1 | 701 | 井道灯火线 |
| 黑色2 | 702 | 井道灯零线 |
| 黑色3 | 703 | 井道照明互控 |
| 黑色4 | 704 | 井道照明互控 |

G10/井道门锁电缆 2*0.752+1*1.52

| 电缆号 | 号码管 | 解释 |
|---|---|---|
| 黑色1 | 110 | 门锁回路 |
| 黑色2 | 11A | 门锁回路 |
| 黄绿色 | PE | 接地 |

G11/井道门锁连接电缆 2*0.752+1*1.52

| 电缆号 | 号码管 | 解释 |
|---|---|---|
| 黑色1 | 10A | 门锁回路 |
| 黑色2 | 11A | 门锁回路 |
| 黄绿色 | PE | 接地 |

G12/井道底部电缆 6*0.752+1*2.02

| 电缆号 | 号码管 | 解释 |
|---|---|---|
| 黑色1 | 04A | 安全回路 |
| 黑色2 | 105 | 安全回路 |
| 黑色3 | 109 | 安全回路 |
| 黑色4 | 110 | 安全回路 |
| 黑色5 | 501 | AC220V电源 |
| 黑色6 | 502 | AC220V电源 |
| 黑色7 | 空 | |

G13/井道底部电缆 12*0.752+1*2.02

| 电缆号 | 号码管 | 解释 |
|---|---|---|
| 黑色1 | 801 | DC12V正极 |
| 黑色2 | 802 | DC12V负极 |
| 黑色3 | DFA | 电话机信号 |
| 黑色4 | DFB | 电话机信号 |
| 黑色5 | A1S | 上行外呼按钮 |
| 黑色6 | KST | 锁梯开关 |
| 黑色7 | KCF | 消防开关 |
| 黑色8 | COM | 24V负极 |
| 黑色9 | 2KW | 下减速开关 |
| 黑色10 | 4KW | 下限位开关 |
| 黑色11 | 空 | |
| 黑色12 | 空 | |
| 黄绿色 | PE | 接地 |

G14/井道显示电缆 8*0.752+1*1.52

| 电缆号 | 号码管 | 解释 |
|---|---|---|
| 黑色1 | P24 | DC24V正极 |
| 黑色2 | N24 | DC24V负极 |
| 黑色3 | A | 楼层显示1 |
| 黑色4 | B | 楼层显示2 |
| 黑色5 | DUP | 上箭头 |
| 黑色6 | DON | 下箭头 |
| 黑色7 | DRO | 滚动 |
| 黑色8 | DJX | 检修 |
| 黄绿色 | PE | 接地 |

G15/井道顶部电缆 6*0.752+1*1.52

| 电缆号 | 号码管 | 解释 |
|---|---|---|
| 黑色1 | P24 | 减速限位公共端 |
| 黑色2 | 1KW | 上减速开关 |
| 黑色3 | 3KW | 上限位开关 |
| 黑色4 | A2X | 下行外呼按钮 |
| 黑色5 | 03A | 上极限开关 |
| 黑色6 | 04A | 上极限开关 |
| 黄绿色 | PE | 接地 |

F1A/上极限开关电缆 2*0.752+1*1.52

| 电缆号 | 号码管 | 解释 |
|---|---|---|
| 黑色1 | 03A | 上极限开关 |
| 黑色2 | 04A | 上极限开关 |
| 黄绿色 | PE | 接地 |

F1B/上限位开关电缆 2*0.752

| 电缆号 | 号码管 | 解释 |
|---|---|---|
| 黑色1 | P24 | 限位公共端 |
| 黑色2 | 3KW | 上限位开关 |

F02/上减速开关电缆 2*0.752

| 电缆号 | 号码管 | 解释 |
|---|---|---|
| 黑色1 | P24 | 减速公共端 |
| 黑色2 | 1KW | 上减速开关 |

F3A/下极限开关电缆 2*0.752+1*1.52

| 电缆号 | 号码管 | 解释 |
|---|---|---|
| 黑色1 | 04A | 下极限开关 |
| 黑色2 | 04B | 下极限开关 |
| 黄绿色 | PE | 接地 |

F3B/下限位开关电缆 2*0.752

| 电缆号 | 号码管 | 解释 |
|---|---|---|
| 黑色1 | P24 | 限位公共端 |
| 黑色2 | 4KW | 下限位开关 |

F04/下减速开关电缆 2*0.752

| 电缆号 | 号码管 | 解释 |
|---|---|---|
| 黑色1 | P24 | 减速公共端 |
| 黑色2 | 2KW | 下减速开关 |

F05/底坑检修盒电缆 6*0.752+1*1.52

| 电缆号 | 号码管 | 解释 |
|---|---|---|
| 黑色1 | 501 | 照明插座 |
| 黑色2 | 502 | 照明插座 |
| 黑色3 | 09A | 急停开关 |
| 黑色4 | 09B | 急停开关 |
| 黑色5 | DFA | 电话机信号 |
| 黑色6 | DFB | 电话机信号 |
| 黄绿色 | PE | 接地 |

F06/底坑急停盒电缆 5*0.752+1*1.52

| 电缆号 | 号码管 | 解释 |
|---|---|---|
| 黑色1 | 701 | 井道照明火线 |
| 黑色2 | 703 | 双控开关 |
| 黑色3 | 704 | 双控开关 |
| 黑色4 | 109 | 急停开关 |
| 黑色5 | 09A | 急停开关 |
| 黄绿色 | PE | 接地 |

F07/涨紧轮开关电缆 2*0.752+1*1.52

| 电缆号 | 号码管 | 解释 |
|---|---|---|
| 黑色1 | 09B | 涨紧轮开关 |
| 黑色2 | 110 | 涨紧轮开关 |
| 黄绿色 | PE | 接地 |

F08/缓冲器开关电缆 2*0.752+1*1.52

| 电缆号 | 号码管 | 解释 |
|---|---|---|
| 黑色1 | 04B | 缓冲器开关 |
| 黑色2 | 105 | 缓冲器开关 |
| 黄绿色 | PE | 接地 |

F09/井道照明分支电缆 2*0.752

| 电缆号 | 号码管 | 解释 |
|---|---|---|
| 黑色1 | 701 | 火线 |
| 黑色2 | 702 | 零线 |

F10/1门锁分支电缆 2*0.752+1*1.52

| 电缆号 | 号码管 | 解释 |
|---|---|---|
| 黄色1 | 10A | 厅门门锁 |
| 黄色2 | 11A | 厅门门锁 |
| 黄绿色 | PE | 接地 |

F10/2门锁分支电缆 2*0.752+1*1.52

| 电缆号 | 号码管 | 解释 |
|---|---|---|
| 黄色1 | 110 | 厅门门锁 |
| 黄色2 | 10A | 厅门门锁 |
| 黄绿色 | PE | 接地 |

| 设计 | | 审核 | | 批准 | | 亚龙智能装备集团股份有限公司 | 电缆线号定义1 |
|---|---|---|---|---|---|---|---|
| 修改日期 | 2020.05.07 | 版本 | V4.0 | 页数 | 16-14 | | |

F11/1外呼盒电缆 12*0.752+1*1.52

| 电缆号 | 号码管 | 解释 |
|---|---|---|
| 黑色1 | P24 | DC24V正极 |
| 黑色2 | N24 | DC24V负极 |
| 黑色3 | A | 楼层显示1 |
| 黑色4 | B | 楼层显示2 |
| 黑色5 | DUP | 上箭头 |
| 黑色6 | DON | 下箭头 |
| 黑色7 | DRO | 滚动 |
| 黑色8 | DJX | 检修 |
| 黑色9 | A1S | 上行外呼按钮 |
| 黑色10 | COM | 锁梯公共线 |
| 黑色11 | KST | 锁梯开关 |
| 黑色12 | KCF | 消防开关 |
| 黄绿色 | PE | 接地 |

F11/2井道显示连接电缆 12*0.752+1*1.52

| 电缆号 | 号码管 | 解释 |
|---|---|---|
| 黑色1 | P24 | DC24V正极 |
| 黑色2 | N24 | DC24V负极 |
| 黑色3 | A | 楼层显示1 |
| 黑色4 | B | 楼层显示2 |
| 黑色5 | DUP | 上箭头 |
| 黑色6 | DON | 下箭头 |
| 黑色7 | DRO | 滚动 |
| 黑色8 | DJX | 检修 |
| 黑色9 | | |
| 黑色10 | A2X | 下行外呼按钮 |
| 黑色11 | | |
| 黑色12 | | |
| 黄绿色 | PE | 接地 |

F12/井道显示连接电缆 8*0.75z+1*1.5z

| 电缆号 | 号码管 | 解释 |
|---|---|---|
| 黑色1 | P24 | DC24V正极 |
| 黑色2 | N24 | DC24V负极 |
| 黑色3 | A | 楼层显示1 |
| 黑色4 | B | 楼层显示2 |
| 黑色5 | DUP | 上箭头 |
| 黑色6 | DON | 下箭头 |
| 黑色7 | DRO | 滚动 |
| 黑色8 | DJX | 检修 |
| 黄绿色 | PE | 接地 |

F13/基站对讲电缆 4*0.752

| 电缆号 | 号码管 | 解释 |
|---|---|---|
| 黑色1 | 801 | DC12V正极 |
| 黑色2 | 802 | DC12V负极 |
| 黑色3 | DFA | 电话机信号 |
| 黑色4 | DFB | 电话机信号 |

F14/底坑对讲电缆 2*0.752

| 电缆号 | 号码管 | 解释 |
|---|---|---|
| 黑色1 | DFA | 电话机信号 |
| 黑色2 | DFB | 电话机信号 |

D2A/操纵箱电缆 12*0.752+1*1.52

| 电缆号 | 号码管 | 解释 |
|---|---|---|
| 黑色1 | P24 | DC24V正极 |
| 黑色2 | A | 楼层显示1 |
| 黑色3 | B | 楼层显示2 |
| 黑色4 | DUP | 上箭头 |
| 黑色5 | DON | 下箭头 |
| 黑色6 | DCZ | 超载灯 |
| 黑色7 | DFM | 蜂鸣器 |
| 黑色8 | KSJ | 司机 |
| 黑色9 | 801 | DC12V正极 |
| 黑色10 | 803 | 警铃按钮 |
| 黑色11 | A1N | 1楼按钮 |
| 黑色12 | A2N | 2楼按钮 |
| 黄绿色 | 空 | |

D2B/操纵箱电缆 12*0.752+1*1.52

| 电缆号 | 号码管 | 解释 |
|---|---|---|
| 黑色1 | 503 | 开关公共线 |
| 黑色2 | 504 | 照明开关 |
| 黑色3 | 505 | 风扇开关 |
| 黑色4 | 108 | 急停开关 |
| 黑色5 | 109 | 急停开关 |
| 黑色6 | 401 | DC12V正极 |
| 黑色7 | 402 | DC12V负极 |
| 黑色8 | DFA | 电话机信号 |
| 黑色9 | DFB | 电话机信号 |
| 黑色10 | AKM | 开门按钮 |
| 黑色11 | AGM | 关门按钮 |
| 黑色12 | COM | DC24V负极 |
| 黄绿色 | PE | 接地 |

D03/轿顶检修盒电缆 8*0.752+1*1.52

| 电缆号 | 号码管 | 解释 |
|---|---|---|
| 黑色1 | 501 | 照明插座 |
| 黑色2 | 502 | 照明插座 |
| 黑色3 | 107 | 急停开关 |
| 黑色4 | 108 | 急停开关 |
| 黑色5 | P24 | 信号公共端 |
| 黑色6 | MN1 | 检修开关 |
| 黑色7 | AYS | 上行按钮 |
| 黑色8 | AYX | 下行按钮 |
| 黄绿色 | PE | 接地 |

D04/平层开关电缆 6*0.752+1*1.52

| 电缆号 | 号码管 | 解释 |
|---|---|---|
| 黑色1 | P24 | DC24V正极 |
| 黑色2 | COM | DC24V负极 |
| 黑色3 | YPS | 上平层 |
| 黑色4 | YPX | 下平层 |
| 黑色5 | FPS | 上再平层 |
| 黑色6 | FPX | 下再平层 |
| 黄绿色 | 空 | |

D05/安全钳开关电缆 2*0.752+1*1.52

| 电缆号 | 号码管 | 解释 |
|---|---|---|
| 黑色1 | 106 | 安全钳开关 |
| 黑色2 | 107 | 安全钳开关 |
| 黄绿色 | PE | 接地 |

D7A/光幕电缆 4*0.752+1*1.52

| 电缆号 | 号码管 | 解释 |
|---|---|---|
| 黑色1 | 201 | AC220V电源 |
| 黑色2 | 202 | AC220V电源 |
| 黑色3 | P24 | 信号公共端 |
| 黑色4 | AB1 | 光幕信号 |
| 黄绿色 | PE | 接地 |

D8A/门机电缆 8*0.752+1*1.52

| 电缆号 | 号码管 | 解释 |
|---|---|---|
| 黑色1 | P24 | 限位公共端 |
| 黑色2 | KM1 | 开门限位 |
| 黑色3 | GM1 | 关门限位 |
| 黑色4 | CO1 | 指令公共端 |
| 黑色5 | OP1 | 开门指令 |
| 黑色6 | CL1 | 关门指令 |
| 黑色7 | 201 | AC220V电源 |
| 黑色8 | 201 | AC220V电源 |
| 黄绿色 | PE | 接地 |

D9A/轿门锁电缆 2*0.752+1*1.52

| 电缆号 | 号码管 | 解释 |
|---|---|---|
| 黑色1 | 11B | 轿门锁 |
| 黑色2 | 11C | 轿门锁 |
| 黄绿色 | PE | 接地 |

D9B/轿门机械门锁电缆 2*0.752+1*1.52

| 电缆号 | 号码管 | 解释 |
|---|---|---|
| 黑色1 | 11C | 防扒门锁 |
| 黑色2 | 112 | 防扒门锁 |
| 黄绿色 | PE | 接地 |

D10/轿厢照明电缆 2*0.752

| 电缆号 | 号码管 | 解释 |
|---|---|---|
| 黑色1 | 502 | 零线 |
| 黑色2 | 504 | 火线 |

D11/轿厢风扇电缆 2*0.752

| 电缆号 | 号码管 | 解释 |
|---|---|---|
| 黑色1 | 502 | 零线 |
| 黑色2 | 505 | 火线 |

D12/轿厢超载电缆 2*0.752+1*1.52

| 电缆号 | 号码管 | 解释 |
|---|---|---|
| 黑色1 | P24 | DC24V正极 |
| 黑色2 | COM | DC24V负极 |
| 黄绿色 | KCZ | 超载 |

D13/警铃到站钟电缆 5*0.752+1*1.52

| 电缆号 | 号码管 | 解释 |
|---|---|---|
| 黑色1 | P24 | 到站钟正极 |
| 黑色2 | COM | 到站钟负极 |
| 黑色3 | DL1 | 到站钟信号 |
| 黑色4 | 802 | 蜂鸣器负极 |
| 黑色5 | 803 | 蜂鸣器正极 |
| 黄绿色 | 空 | |

D14/轿顶对讲电缆 2*0.752

| 电缆号 | 号码管 | 解释 |
|---|---|---|
| 黑色1 | DFA | 对讲机信号 |
| 黑色2 | DFB | 对讲机信号 |

D15/应急电源电缆 4*0.752

| 电缆号 | 号码管 | 解释 |
|---|---|---|
| 黑色1 | 801 | 电话机正极 |
| 黑色2 | 802 | 电话机负极 |
| 黑色3 | 401 | 应急灯正极 |
| 黑色4 | 402 | 应急灯负极 |

D16/声光报警电缆 2*0.752+1*1.52

| 电缆号 | 号码管 | 解释 |
|---|---|---|
| 黑色2 | COM | DC24V负极 |
| 黄绿色 | DSG | 声光报警器 |

| 设计 | | 审核 | | 批准 | | 亚龙智能装备集团股份有限公司 | 电缆线号定义2 |
|---|---|---|---|---|---|---|---|
| 修改日期 | 2020.05.07 | 版本 | V4.0 | 页数 | 16-15 | | |

| 元件符号 | 元件说明 | 区域/位置 | 元件安装位置 |
|---|---|---|---|
| AB | 警铃 | /10.A4 | 轿顶 |
| ACL | 电话机按钮 | /10.C2 | 操纵箱 |
| AD103 | 声光报警器 | /05.C3 | 轿底 |
| ALB | 警铃按钮 | /10.B3 | 操纵箱 |
| ATT | 司机开关 | /05.A3 | 操纵箱 |
| BR | 抱闸 | /03 | 曳引机 |
| BRF | 抱闸验证开关 | /05.A4 | 曳引机 |
| BUFS | 缓冲器开关 | /04.A3 | 底坑 |
| CC | 运行接触器 | /05.C1 | 控制柜 |
| CICD | 轿内慢下行按钮 | /06.C2 | 操纵箱 |
| CICU | 轿内慢上行按钮 | /06.C2 | 操纵箱 |
| CISN | 轿内检修公共按钮 | /06.B2 | 操纵箱 |
| CLL | 关门限位开关 | /05.A3/09.A3 | 轿顶 |
| D1 | 二极管 | /03.D2 | 控制柜 |
| DDH | 轿顶对讲机 | /10.D3 | 轿顶 |
| DLS | 下限位开关 | /05.A2 | 井道 |
| DOBS | 光幕 | /05.A3/09.B1 | 轿厢 |
| DPS | 应急控制电源 | /10 | 轿顶 |
| DTT | 上极限开关 | /04.A2 | 井道 |
| EL1 | 底坑照明灯 | /02.B2 | 底坑 |
| EL2 | 轿顶照明灯 | /02.B2 | 轿顶 |
| EL3 | 轿内照明灯 | /02.C2 | 轿内 |
| EST1 | 控制柜急停开关 | /04.A1 | 控制柜 |
| EST2A | 底坑上急停 | /04.C2 | 底坑 |
| EST2B | 底坑下急停 | /04.C2 | 底坑 |
| EST3 | 轿顶急停开关 | /04.A1 | 轿顶 |
| EST4 | 轿内急停开关 | /04.B1 | 操纵箱 |
| FAN | 轿厢风扇 | /02.D2 | 轿厢 |
| FAN1 | 散热风扇 | /03.B1 | 控制柜 |
| FANS | 风扇开关 | /02.D2 | 操纵箱 |
| FDH | 机房对讲机 | /10.C3 | 控制柜 |
| FL | 应急灯 | /10.A4 | 操纵箱 |
| GATE | 轿门联锁 | /04.B2 | 轿厢 |
| GOV | 限速器开关 | /04.A3 | 机房 |
| GOV1 | 涨紧轮开关 | /04.B3 | 底坑 |
| HA | 超载蜂鸣器 | /05.D3 | 轿厢 |
| HDDZ | 到站钟 | /05.D3 | 轿顶 |
| HD n | 厅门联锁 | /04.A1 | 井道 |
| INSC | 轿内检修开关 | /06.B2 | 操纵箱 |
| INSM | 机房紧急电动开关 | /06.B3 | 控制柜 |

| 元件符号 | 元件说明 | 区域/位置 | 元件安装位置 |
|---|---|---|---|
| INST | 轿顶检修开关 | /06.B1 | 轿顶 |
| JAE | 节能继电器 | /05.D2 | 控制柜 |
| JBZ | 抱闸接触器 | /05.C1 | 控制柜 |
| JDD | 紧急电动继电器 | /06.B3 | 控制柜 |
| JMS | 门锁继电器 | /04.B4 | 控制柜 |
| JST | 锁梯继电器 | /05.D2 | 控制柜 |
| JSQ | 计数器 | /03.C2 | 控制柜 |
| KCL | 关门按钮 | /07.C2 | 操纵箱 |
| KDH | 底坑对讲机 | /10.D4 | 底坑 |
| KD n | 下行召唤按钮 | /07.C3 | 层站 |
| KFS | 消防开关 | /05.A2 | 层站 |
| KN n | 内指令层站按钮 | /07.C2 | 操纵箱 |
| KOP | 开门按钮 | /07.C1 | 操纵箱 |
| KU n | 上行召唤按钮 | /07.C3 | 层站 |
| LAMB | 轿厢照明开关 | /02.D2 | 操纵箱 |
| LBS | 基站锁 | /05.D2 | 层站 |
| LDL | 下平层开关 | /05.A3 | 轿顶 |
| LUL | 上平层开关 | /05.A3 | 轿顶 |
| M1 | 永磁同步电机 | /03.B4 | 机房 |
| M2 | 永磁同步门机电机 | /09.B4 | 轿顶 |
| MC | 安全接触器 | /03.A2 | 控制柜 |
| MCTC-MCB | 主控制电脑板 | /03/05/06/07/09 | 控制柜 |
| MICD | 机房慢下按钮 | /06.C3 | 控制柜 |
| MICU | 机房慢上按钮 | /06.C3 | 控制柜 |
| MSPL | 门旁路控制板 | /04 | 控制柜 |
| NDH | 轿内对讲机 | /10.D1/10.D2 | 操纵箱 |
| NF1 | AC380V断路器 | /01.B1 | 控制柜 |
| NF2 | AC220V断路器 | /01.B2 | 控制柜 |
| NF3 | AC110V断路器 | /01.A3 | 控制柜 |
| NF4 | DC110V断路器 | /01.B3 | 控制柜 |
| NK1 | 轿厢照明断路器 | /01.C1 | 机房 |
| NK2 | 井道照明断路器 | /01.D1 | 机房 |
| NPR | 相序继电器 | /01.A2/01.B2 | 控制柜 |
| OL | 超载开关 | /05.A3/08.B2 | 轿厢底部 |
| OTB | 下极限开关 | /04.A3 | 井道 |
| OPL | 开门限位开关 | /05.A2/09.A3 | 轿顶 |
| PG | 编码器 | /09.A4 | 曳引机 |
| PLD | 下减速开关 | /05.A2 | 井道 |
| PLU | 上减速开关 | /05.A2 | 井道 |
| PWS | 盘车轮开关 | /04.A2 | 曳引机 |

| 元件符号 | 元件说明 | 区域/位置 | 元件安装位置 |
|---|---|---|---|
| QPS | 总电源开关 | /01.B1 | 机房 |
| RB2 | 电阻 | /03.D3 | 控制柜 |
| RDDS | 楼层显示器 | /08 | 轿厢/层站 |
| SCB-A1 | 再平层控制板 | /04 | 控制柜 |
| SFD | 安全钳开关 | /04.A4 | 轿顶 |
| SHL | 底坑照明开关 | /02.B2 | 底坑 |
| SHT | 轿顶照明开关 | /02.B2 | 轿顶 |
| SK1 | 井道照明开关 | /01.D2/02.B3 | 机房 |
| SK2 | 井道照明开关 | /02.D3 | 井道 |
| SPS | 开关电源 | /01.C3 | 控制柜 |
| TGDL | 轿厢防扒门锁 | /04.B3 | 轿顶 |
| TICD | 轿顶慢下按钮 | /06.C2 | 轿顶 |
| TICU | 轿顶慢上按钮 | /06.C2 | 轿顶 |
| TR1 | 变压器 | /01 | 控制柜 |
| ULS | 上限位开关 | /05.A2 | 井道 |
| VVVF DOOR | 门机控制器 | /09 | 轿顶 |
| XS1 | 底坑插座 | /02.C2 | 底坑 |
| XS2 | 轿顶插座 | /02.C2 | 轿顶 |
| XS3 | 机房插座 | /02.B2 | 机房 |
| YDH | 值班室对讲机 | /10.C4 | 值班室 |
| ZDL | 下再平层开关 | /04.C1/09 | 轿顶 |
| ZUL | 上再平层开关 | /04.C1/09 | 轿顶 |
| ZDR | 制动电阻 | /03.A3 | 控制柜 |
| G01 | 随行电缆 | /11/12/13 | 井道 |
| G02 | 抱闸电缆 | /11 | 机房 |
| G03 | 照明回路电缆 | /11/12/13 | 机房 |
| G04 | 限速器开关电缆 | /11 | 机房 |
| G05 | 盘车轮开关电缆 | /11 | 机房 |
| G07 | 机房对讲电缆 | /11 | 机房 |
| G09 | 井道照明电缆 | /13 | 井道 |
| G10 | 井道显示电缆 | /13 | 井道 |
| G11 | 井道门锁电缆 | /13 | 井道 |
| G12 | 井道底部电缆 | /13 | 井道 |
| G13 | 井道顶部电缆 | /13 | 井道 |
| G14 | 井道楼层显示电缆 | /13 | 井道 |

| 元件符号 | 元件说明 | 区域/位置 | 元件安装位置 |
|---|---|---|---|
| G15 | 井道顶部电缆 | /13 | 井道 |
| F1A | 上极限开关电缆 | /13 | 井道 |
| F1B | 上限位开关电缆 | /13 | 井道 |
| F02 | 上减速开关电缆 | /13 | 井道 |
| F3A | 下极限开关电缆 | /13 | 井道 |
| F3B | 下限位开关电缆 | /13 | 井道 |
| F04 | 下减速开关电缆 | /13 | 井道 |
| F05 | 底坑检修盒电缆 | /13 | 底坑 |
| F06 | 底坑急停盒电缆 | /13 | 底坑 |
| F07 | 涨紧轮开关电缆 | /13 | 底坑 |
| F08 | 缓冲器开关电缆 | /13 | 底坑 |
| F09 | 井道照明分支电缆 | /13 | 井道 |
| F10/1 | 门锁分支电缆 | /13 | 井道 |
| F10/2 | 门锁分支电缆 | /13 | 井道 |
| F11/1 | 外呼盒电缆 | /13 | 井道 |
| F11/2 | 井道显示连接电缆 | /13 | 层站 |
| F12 | 井道显示连接电缆 | /13 | 层站 |
| F13 | 基站对讲电缆 | /13 | 层站 |
| F14 | 底坑对讲电缆 | /13 | 底坑 |
| D02A | 操作箱电缆 | /12 | 轿厢 |
| D02B | 操作箱电缆 | /12 | 轿厢 |
| D03 | 轿顶检修盒电缆 | /12 | 轿顶 |
| D04 | 平层开关电缆 | /12 | 轿顶 |
| D05 | 安全钳开关电缆 | /12 | 轿顶 |
| D7A | 光幕电缆 | /12 | 轿厢 |
| D8A | 门机电缆 | /12 | 轿顶 |
| D9A | 轿门锁电缆 | /12 | 轿厢 |
| D9B | 轿门机械门锁电缆 | /12 | 轿厢 |
| D10 | 轿厢照明电缆 | /12 | 轿厢 |
| D11 | 轿厢风扇电缆 | /12 | 轿厢 |
| D12 | 轿厢超载电缆 | /12 | 轿厢底部 |
| D13 | 警铃到站钟电缆 | /12 | 轿顶 |
| D14 | 轿顶对讲电缆 | /12 | 轿顶 |
| D15 | 应急电源电缆 | /12 | 轿厢 |
| D16 | 声光报警器电缆 | /12 | 轿厢底部 |

| 设计 | | 审核 | | 批准 | | 亚龙智能装备集团股份有限公司 | 元件代号说明 |
|---|---|---|---|---|---|---|---|
| 修改日期 | 2020.05.07 | 版本 | V4.0 | 页数 | 16-16 | | |

# 参考文献

［1］靳亚. 中职专业课课程思政的探索与研究：以《电梯结构与原理》为例［J］. 中小学教育，2023（1）.
［2］郭英平，王文举，徐晓松. 电梯运行与控制［M］. 北京：北京理工大学出版社，2019.
［3］吴瑞超，张井彦，潘若龙. 电梯维护与保养［M］. 北京：北京理工大学出版社，2019.
［4］李乃夫. 电梯维修与保养［M］. 北京：机械工业出版社，2014.